AF481899

استكشاف الكون

مفاتيح لفهم الطبيعة وأسرارها

سلسلة العلم بالملعقة (1)

استكشاف الكون
مفاتيح لفهم الطبيعة وأسرارها
م. عماد عصام
مراجعة لغوية: قسم المراجعة بالدار
إخراج داخلي: سليل الفراعنة
مصمم الغلاف: أحمد الخولي
رقم الإيداع: 2024 / 4002

❉ ❉ ❉ ❉ ❉

سلسلة العلم بالملعقة (1)

استكشاف الكون

مفاتيح لفهم الطبيعة وأسرارها

م. عماد عصام

(صانع محتوى قناة "العلم بالملعقة" على اليوتيوب)

الطبعة الأولى - 2024

❋ ❋ ❋

شكر

الشكر لدار الربى التي تحمست لنشر هذا الكتاب بكل المحبــة، والتقــدير، والإعــزاز لشخصــي، ولرؤيتــي الداعمة لمحبي العلم والثقافة.

والشكر الجزيـل للدكتورة **أمـاني الصـعيفة**؛ لإسهامها في التحرير اللغوي للكتاب ليخرج بهذه اللغة المشرقة.

والشكر -من قبل ومن بعد- لكـل المتابعين الأعزاء الذين لـم يكلّـوا عـن دعمي وتشـجيعي للسير في هـذا الدرب!

***

مقدمة

عندما كنت صغيرًا بدأ شغفي بالنجوم ومعرفة ما يدور حولها، وكيف تكونت. كنت أنظر دائمًا إلى السماء ليلًا وأفكر:

☞ **ماذا تعني هذه النجوم؟**

☞ **كيف يَجِلُّ عددها عن الحصر على هذا النحو؟**

☞ **كيف تكونت هذه النجوم؟**

☞ **ما الذي يجعلها تبقى مشرقة هكذا لفترة طويلة؟**

☞ **كيف تذهب هذه النجوم خلال النهار عندما تشرق الشمس؟**

وزاد فضولي مع الوقت، وبدأت أكتشف أجوبة لأسئلتي البسيطة هذه، ولكن كلما زادت الأسئلة التي تلقيتها؛ ظهرت مزيد من الأسئلة حول طبيعة الكون. ولست أنسى -ما حييت- عندما سمعت لأول مرة عن الوحوش الكونية؛ وهي الثقوب السوداء. لقد دهشت ولم أتمكن من فهم ما يمكن أن يعنيه هذا.

أدهشني معرفة أنه من الممكن أن يكون الحجم المحتمل لمكعب السكر الناتج من الثقب الأسود مساويًا لكتلة كوكبنا بأكمله!!

وعندما كبرت قليلًا أيضًا، تلقيتُ معلومة صدمتني، وغيرت نظرتي للكون بأكمله؛ وهي أن كوكب الأرض ما هو إلا نقطة في وسط محيط

شاسع يحتوي على عدد لا نهائي من الكواكب والنجوم والمجرات. أثار هذا فضولي لمعرفة كيف تشكل كل هذا، وكيف بدأ الكون بأكمله.

وعلى الرغم من أنني دخلت الجامعة، وتخصصت في مجال آخر غير الفيزياء والفلك من أجل الحصول على فرصة عمل أفضل؛ فإن شغفي بالفيزياء والفلك لم يتلاشَ لحظةً واحدةً. كنت دائمًا أبحث وأتعلم في مجال الفيزياء وعلم الفلك، وكل معلومة جديدة أتعلمها عن نظرية فيزيائية، أو تجربة، أو اكتشاف جديد كانت تجعلني أشعر وكأن هناك مصباحًا كهربائيًا أضاء في ذهني ليغيّر رؤيتي للواقع وللكون بأكمله.

في ذلك الوقت فهمت ما نظرية النسبية الخاصة والعامة، وكيف جاء أينشتاين بفكرة ثورية خارج الصندوق، واستطاع أن يعرف أن الزمن بُعد كوني، وأنه ليس ثابتًا كما كنا نظن، لكنه متغير بتغير السرعة، علاوة على ذلك، فقد توصل إلى فهم الطريقة التي تعمل بها الجاذبية، وهو الذي غيّر رؤيتنا للكون بأكمله.

بعد ذلك بدأت أتعلم وأبحث في أحد العلوم الأكثر تعقيدًا وصعوبة في الفهم؛ وهو "ميكانيكا الكم"، التي قال عنها العالم ريتشارد فاينمان: "أستطيع أن أقول الآن إنه لا أحد يفهم ميكانيكا الكم". ونحن هنا نتحدث عن عالم فاز بجائزة نوبل؛ لإسهاماته في ميكانيكا الكم نفسها.

اكتشفت وقتها عالمًا آخر لم يكن خاضعًا لأية تفسيرات منطقية مما اعتدتُ عليه، وفوجئتُ بأنه -على المستوى الكمي، أو في عالم الأجسام

الصغيرة جدًا؛ وهو العالم الذري وما دون الذري- كل جسيم يوجد في جميع الأماكن داخل الذَّرَّة، وفي جميع الحالات، في الوقت نفسه، وأن كل جسيم يقوم بتحديد حالة ومكان واحد بمجرد رصده فقط. وفهمت أن هذه ظاهرة غريبة حيرت علماء الفيزياء لعقود من الزمن؛ وتسمىٰ التراكب الكمي؛ فتعلمت ماذا يعني تأثير الملاحظ.

وأصبح الموضوع أكثر غموضا عندما علمت أن هناك جسيمات متشابكة كميا بعضها مع بعض، وأن هذه الجسيمات لديها القدرة علىٰ التواصل بعضها مع بعض بشكل فوري، حتىٰ لو وضعنا كلًّا منها علىٰ طرف من أطراف الكون.

لقد حيرت ظاهرة التشابك الكمي هذه علماء الفيزياء لسنوات عديدة، وكان من بينهم ألبرت أينشتاين نفسه الذي رأىٰ أن تفسير ميكانيكا الكم لظاهرة التشابك الكمي غير منطقي علىٰ الإطلاق، ولكن في عام 2022 ثبت أن أينشتاين كان مخطئا في تفسير ظاهرة التشابك الكمي، وأن ميكانيكا الكم كانت صحيحة في تفسير ذلك. وكان ذلك التفسير بناء علىٰ ما أثبته -من خلال التجارب- ثلاثة علماء فازوا بجائزة نوبل في الفيزياء لسنة 2022.

بعد أن حصلت علىٰ درجة البكالوريوس في الهندسة الكيميائية والنووية وعملت لعدة سنوات؛ جاء اليوم الذي أحقق فيه حلمي، وهو أن أوصل وأشرح لجميع الناس كل هذه المفاهيم المعقدة بطريقة بسيطة تصل أن

11

إلىٰ غير المتخصصين في دراسة هذه العلوم، وفي الوقت نفسه تحتوي علىٰ قدر كبير من المعلومات التي تعتبر مفيدة حتىٰ للمتخصصين.

وبالفعل قمت في عام 2020 بإنشاء قناة علمية علىٰ اليوتيوب هي قناة "العلم بالمِلعقة"؛ وكان هدفها واضحًا مباشرًا؛ ألا وهو تبسيط أهم المفاهيم العلمية المعقدة في الفيزياء والفلك، وتقديمها علىٰ شكل حلقات شائقة، وكأنني أحكي قصة، وأعرّفك –من خلالها– علىٰ نظرية فيزيائية، أو بحث، أو تجربة، أو اكتشاف جديد باهر، بجودة عالية تنافس القنوات العلمية الأجنبية، بهدف جذب المشاهد العربي إلىٰ محبة هذه العلوم، وإعداد جيل جديد محب للعلم، قادر علىٰ مواكبة التطور العالمي، من أجل النهضة في وطننا العربي.

بفضل الله ثم العمل المتواصل الدءوب حققت قناة "العلم بالملعقة" ملايين المشاهدات، وتلقت مئات التعليقات من أناس يقولون إنهم لم يتخيلوا يوما أنهم يمكن أن يفهموا نظرية كذا وكذا، أو أن تميل قلوبهم وعقولهم إلىٰ الفيزياء إطلاقًا؛ بل وصل الأمر إلىٰ قول بعضهم إن القناة كانت الدافع لأنْ يتخصصوا في دراسة الفيزياء.

إن هذه العلوم مبنية علىٰ دراسات، وأبحاث، وفروض، ونظريات متراكمة مبنيّ بعضها علىٰ بعض. وعلىٰ الرغم من أن القناة –والحمد لله– مفيدة جدًا؛ إذ تتكون من حلقات منفصلة، وكل حلقة تتناول جزءًا مستقلا من هذه العلوم؛ فهي غير مترابطة في سياق متسلسل. والواقع أنه لكي نفهم

القصة جيدًا؛ لا بد من سردها في سياق متسلسل. ومن هنا جاءت فكرة الكتاب الذي بين يديك الآن.

إنه كتاب يجمع معلومات غزيرة من مئات حلقات العلوم على قناة "العلم بالملعقة" على اليوتيوب، مع مراعاة ترتيب المعلومات، وإعادة صياغتها في إطار متسلسل على نحو يجذب الجمهور المحب للقراءة.

في هذا الكتاب أعود معكم بالزمن إلى ما قبل 13,8 مليار سنة، ونرى بداية الكون في لحظة الانفجار العظيم، عندما كان الكون مجرد نقطة متناهية الصغر، ذات كثافة ودرجة حرارة فائقتين.

معًا نرى بالتفصيل مراحل تطور الكون من هذه النقطة مرورًا بتكوين الجسيمات، والعناصر الأولية والذرات والجزيئات وصولًا إلى الكواكب، والنجوم، والمجرات، والثقوب السوداء، ومعًا سنقوم بفك رموز ميكانيكا الكم وتبسيطها بطريقة تجعلك تقع في غرامها.

ومع ذلك، ستتعرف في هذا الكتاب على أصعب الألغاز، والتحديات التي واجهت الفيزياء عبر التاريخ؛ مثل:

☞ **ماذا كان موجودا قبل الانفجار العظيم؟**

☞ **ما الذي جعله يحدث؟**

☞ **ماذا يحدث داخل الثقوب السوداء؟**

☞ هـل الثقـوب الدوديـة هـي اختصـارات كونيـة عـبر المسـافات في كوننا؟ أم هي بوابات بين أكوان موازية لكوننا؟

☞ ما طبيعة المادة المظلمة والطاقة المظلمة؟

☞ هل نحن الكون الوحيد أم هناك أكوان أخرى موازية لنا؟

☞ هل نستطيع السفر عبر الزمن يوما ما أم لا؟

استمتعوا معي بهذه الجرعة المعرفية المدهشة!

❋ ❋ ❋

الفصل الأول

كيف توصّل ألبرت أينشتاين إلى صياغة نظرية النسبية الخاصة؟

عندما كان ألبرت أينشتاين في سن الخامسة؛ أعطاه والده "بَوصلة" لعبة؛ ليلهو بها ويتسلىٰ في أثناء مرضه؛ فكانت تلك البوصلة اللعبة هي الشرارةَ الأولىٰ التي ساعدت أينشتاين علىٰ الوصول إلىٰ اكتشافاته العلمية الباهرة؛ بل كانت السبب الأول في اهتمامه بالقوىٰ الخفية الموجودة في الكون.

ومن الواضح أن الصفتين الأكثر أهمية اللتين سمحتا لأينشتاين بالوصول إلىٰ اكتشافاته المذهلة كانتا متوافرتين فيه منذ طفولته؛ ألا وَهُما: الفضول والخيال.

عندما حصل ألبرت أينشتاين علىٰ البوصلة؛ كان يقضي كل ليلة يفكر، ويسأل نفسه:

- ما سر القوة الخفية التي تحرك الإبرة في البوصلة وتشير دائمًا إلىٰ الشمال؟

- لماذا لا تلف إلىٰ اليمين؟

ساعدته تلك البوصلة علىٰ اكتشاف ذاته وقدراته العقلية. ومع تقدمه في العمر قليلا، والتحاقه بالمدرسة؛ كان يقول لنفسه في كثير من الأحيان: "أريد أن أعرف أفكار الله بطريقة رياضية."

كان هدف أينشتاين النهائي -في الحياة- هو الوصول إلىٰ معادلة تضم جميع قوانين الطبيعة؛ أي "جمال الكون وقوته"، في معادلة واحدة فقط. هذا كان حلمه الأكبر.

فضول أينشتاين من أجل فهم الكون على نحو أكثر عمقا، جنبًا إلى جنب مع العديد من التجارب الفكرية التي كان يتأملها ويتخيلها في عقله الواسع ـدفعه إلى اتخاذ قراره بدراسة الفيزياء، عندما كبر؛ حتى يمكنه العثور على إجابات حول القوى الخفية في الكون.

وقد حدث ذلك في عام 1900، حين تقدم بطلب لدراسة الفيزياء في واحد من أفضل المعاهد في أوروبا: المدرسة الفيدرالية السويسرية للتكنولوجيا، أو المعهد الفيدرالي للتكنولوجيا في زيوريخ بسويسرا. وكان لدى المؤسسة امتحانات قبول بالغة الصعوبة لا تسمح إلا بقبول أفضل المتقدمين إليها.

أجرى ألبرت أينشتاين الامتحان وظهرت النتائج: حصل على درجات استثنائية في الرياضيات والفيزياء، ولكنه رسب في الكيمياء وعلم الأحياء واللغة الفرنسية. ومع ذلك، فإنه ـبسبب درجاته الاستثنائية في الرياضيات والفيزياءـ تم قبوله في المعهد.

المشكلة تمثلت في أن أينشتاين لم يعتمد كثيرًا على التعليم الرسمي وقوانينه الصارمة؛ لأنه شعر بأن ذلك يقيد خياله؛ فاعتمد على تعلمه الذاتي لدراسة الفيزياء المتقدمة؛ بسبب حبّه الشديد لها؛ وهذا مما جعله يتغيب عن كثير من المحاضرات. ونتيجة لذلك لم يكن الأساتذة يحبونه كثيرًا، ولعل ذلك أقام حاجزًا نفسيًا وتواصليًا بينه وبين أساتذته.

عندما تخرج في ذلك المعهد، وطلب رسائل توصية للعمل في أي موقع أكاديمي؛ لم يكن أحد على استعداد لكتابة إحداها؛ ومن ثَمَّ تم رفضه في كل وظيفة أكاديمية تقدم إليها.

وهكذا أصيب - في ذلك الوقت - بإحباط شديد؛ فكان أنْ فكر في مغادرة مجال الفيزياء، والعمل في شركة تأمين. ولك أن تتخيل ذلك المشهد: تتصل بالهاتف فتسمع شخصًا على الطرف الآخر يجيب: "صباح الخير، معك ألبرت أينشتاين من شركة تأمين ميونخ!" ومع ذلك، كان من حظ أينشتاين - ومن حظنا كذلك - أنه لم يترك مجال الفيزياء، على الرغم من مما أصابه من إحباط بالغ.

وفي إحدى المرات كتب رسالة إلى عائلته يقول فيها إنه ربما كان من الأفضل له ألا يأتي إلى الدنيا. وكان والده يحاول الحصول على وظائف أكاديمية لابنه، حتى إنه اتصل بعلماء الفيزياء الأعلام المشهورين لتوظيف ابنه باحثًا، لكن الجميع أجابوا بأنه لا توجد وظائف متاحة آنذاك.

في عام 1902، توفي والده؛ وهذا مما زاد من معاناته، فأصبح أينشتاين شابًا يائسًا عاطلا عن العمل. بعد ذلك، ساعده زميل في الحصول على وظيفة في بِرن بسويسرا. وهي وظيفة لم تكن بعيدة كثيرًا عن مجال دراسته. أصبح موظفًا في مكتب براءات الاختراع. وبراءة الاختراع - كما هو معلوم - هي امتياز خاص يُمنح للباحثين والمخترعين في المجالات العلمية. وبمعنى آخر فإنه عندما يرغب الباحث في تسجيل نتائج بحث أو

اختراع جديد باسمه رسميًا؛ يذهب إلى المكتب المختص ببراءات الاختراع، لتسجيله؛ حتى لا يستطيع أي شخص آخر المطالبة بالحقوق المتعلقة به.

كانت مهمة الوظيفية مراجعة الطلبات التي تُقدم من قِبل الباحثين للحصول على براءات اختراعاتهم. وكان يعمل ستة أيام في الأسبوع. أحب عمله الذي رأى فيه متنفَّسا لأحلامه وتطلعاته؛ إذ كان يعتبر وظيفته تلك نعمة كبيرة؛ إذ كان يقوم بمراجعة الطلبات في عُجالة، ثم يقضي بقية وقته في تأملاته وتجاربه الفكرية التي كان يمارسها باستمرار منذ أن كان في سن السادسة عشرة.

كان عقله مستمرًا في طرح التساؤلات. ومن أكثر ما شغل تفكيره: الضوء وسرعته. ولعل السؤال الذي شغل مساحة لا بأس بها من عقله كان: ماذا سيحدث إذا سافر بجانب شعاع ضوء بالسرعة نفسها؟ وقد نتجت تساؤلاته عن تأملاته منذ كان في المدرسة، حين درس معادلات ماكسويل التي تصف طبيعة الضوء. من خلال تلك المعادلات، اكتشف شيئًا لم يعرفه حتى ماكسويل نفسه: أن سرعة الضوء ثابتة في جميع الظروف، بصرف النظر عن سرعة مصدرها، وهي حوالي 300,000 كيلومتر في الثانية، وأن الضوء هو ثابت كوني.

في عام 1905، عندما كان في السادسة والعشرين من عمره، قام ألبرت أينشتاين بنشر أربعة أوراق تحدثت عن " The photoelectric effect"، وتناقش ظاهرة "التأثير الكهروضوئي"، وحصل عن ذلك

البحث على جائزة نوبل لاحقًا، بعد سبعة عشر عامًا. في تلك الورقة، اقترح أينشتاين أن الضوء يتألف من جسيمات، أو كُمّات، تُسمى الفوتونات. هذا الاكتشاف تم تطبيقه في مجالات مثل الليزر والتلفزيون والعديد من التطبيقات التكنولوجية الأخرى.

في ورقة بحثية أخرىٰ، تحدث عن الذرات. في ذلك الوقت، كانت البنية الحقيقية للذرة لا تزال في مراحل مبكرة من الاكتشاف. وقد تمكن من حساب حجم الذرات. وتُعتبر تلك الدراسات إنجازات كبيرة في حياة أي فيزيائي، ولكن أينشتاين كان -في الحقيقة- في بداية مسيرته الحافلة بالإنجازات العلمية المثيرة.

استمر عقله في التفكير بلا انقطاع، حتىٰ إنه -في إحدىٰ المرات- وهو يستقل الحافلة، ألقىٰ نظرة علىٰ برج الساعة في سويسرا؛ فطرح علىٰ نفسه سؤالًا: ماذا سيحدث إذا انتقلت هذه الحافلة بسرعة تقترب من سرعة الضوء؟

تخيل أنه إذا وصل إلىٰ سرعة الضوء، حينها ستبدو عقارب الساعة وكأنها تتوقف عن الحركة. ووصف أينشتاين شعوره مع تلك التجربة الفكرية بأنه كما لو أن عاصفة قد اجتاحت عقله.

استنتج أنه "كلما زادت سرعة الجسم؛ قل مرور الزمن عليه". ومع ذلك، كان هذا الاستنتاج يحتاج إلىٰ دليل رياضي لتأكيد مدىٰ صوابه. هذه الفكرة كانت السبب الرئيس وراء شروع أينشتاين في العمل علىٰ نظرية النسبية الخاصة.

بعد ذلك، تمكن أينشتاين من إثبات صحة أفكاره واستنتاجاته رياضيًا. وقد استنتج أن الزمان والمكان مرتبطان، ويمكن أن يُعتبرا كيانًا واحدًا: نسيجا مرنًا يطلق عليه "space time fabric" أو يُعرف بـ "الزمكان". كذلك استنتج أن الزمن هو البعد الرابع للكون، إلى جانب الأبعاد الثلاثة المكانية: الطول والعرض والارتفاع. وبما أن الزمن هو أيضًا بُعد؛ فيمكننا التحرك فيه في أي اتجاه: إلى الماضي أو المستقبل؛ وذلك عن طريق تغيير سرعتنا. في ذلك الوقت، شعر أينشتاين بأنه بدأ يفك رموز الكون، وصاغ معادلات رياضية للتعبير عن أفكاره.

الآن، دعونا نتعمق أكثر في عقل أينشتاين؛ لنرى: ما الذي قاده إلى هذه الأفكار الجديدة والمبتكرة؟

ببساطة، تقول نظرية النسبية الخاصة: "إن أقصى سرعة يمكن لأي جسم في الكون أن يبلغها هي 300,000 كيلومتر في الثانية. والجسيمات الوحيدة في الكون التي يمكن أن تصل إلى هذه السرعة هي الفوتونات؛ التي تشكل الضوء". وهذا يعني أن سرعة الضوء في الفراغ تساوي الحد الأقصى للسرعة في الكون، ولا شيء يمكن أن يتجاوز تلك السرعة داخل الكون.

ولو تساءلنا: ما الذي يميز الضوء عن كل شيء آخر في الكون، بحيث يسمح له بالتحرك بأعلى سرعة ممكنة؟ يمكن القول إن أي جسم له كتلة سيحتاج إلى طاقة لامتناهية للوصول إلى سرعة الضوء. إذن ما يميز الضوء هو أن الفوتونات ليس لها كتلة.

اعتقد أينشتاين أن السرعة التي يتحرك بها أي جسم هي نسبية؛ فليس هناك ما يسمىٰ بالسرعة المطلقة. دعني أعطيك مثالًا لتوضيح فكرته.

إذا كنت تقود سيارتك بسرعة 50 كيلومترًا في الساعة، ومر شخص ما بجوارك بسرعة 100 كيلومتر في الساعة؛ ما السرعة التي تراه يتحرك بها؟

- ستراه يتحرك بسرعة 50 كيلومترًا في الساعة؛ أليس كذلك؟
- ولكن، ما سرعته بالنسبة للأشخاص الذين يقفون علىٰ الرصيف؟
- سيرونه يتحرك بسرعة 100 كيلومتر في الساعة.
- وماذا لو كان شخص آخر يتحرك في الاتجاه المعاكس بسرعة 100 كيلومتر في الساعة؟
- سيرون هذا الشخص يتحرك بسرعة 200 كيلومتر في الساعة.
- إذا، ماذا يعني هذا؟

النتيجة التي نصل إليها هي أنه لا توجد سرعة ثابتة. يجب أن تُنسب السرعة إلىٰ الموقع الذي يُراقَب منه الجسم المتحرك. علىٰ سبيل المثال، حتىٰ وإن شعرنا بأننا ثابتون عندما ننام في أسرَّتنا، إذا خرجنا خارج الأرض، سنجد أننا في الواقع نتحرك بسرعة تبلغ 1,670 كيلومترًا في الساعة؛ وهي سرعة دوران الأرض.

وإذا انتقلنا بعيدًا ونظرنا من الشمس، سنجد أن الأرض تدور حول الشمس بسرعة تبلغ 107,000 كيلومتر في الساعة. وإذا انتقلنا بعيدًا حتى رصدنا نظامنا الشمسي من الخارج، سنجد أنه يتحرك داخل مجرتنا بسرعة 720,000 كيلومتر في الساعة. وإذا انتقلنا بعيدًا حتى رصدنا مجرتنا من خارجها؛ سنجد أن مجرتنا "درب التبانة" وأقرب جارة لها "أندروميدا" – تتحركان إحداهما نحو الأخرى بسرعة تبلغ 400,000 كيلومتر في الساعة. وهذا يعني أن الكون في حالة دائمة من الحركة، وأن أي "سكون" نشعر به إنما هو نسبي لا أكثر.

الآن، تخيل: إذا كان هناك مصدر ضوء داخل الأرض، ونريد قياس سرعته من مواقع مختلفة؛ سواء من خارج الكوكب، أو من خارج النظام الشمسي، أو حتى من خارج المجرة. الافتراض هو أنه نظرًا لتغيير الموقع الذي يتم منه قياس السرعة؛ يجب أن تختلف السرعة وفقًا لذلك؛ أليس كذلك؟ ولكن هذا لا يحدث؛ فسرعة الضوء تظل ثابتة في جميع الظروف، وهي لا تتأثر بسرعة الموقع الذي يتم منه مراقبتها.

دعني أعطيك مثالًا آخر بسيطًا قبل أن نتحدث عن تداعيات السرعة الثابتة للضوء. تخيل أنك على متن صاروخ متجه إلى الفضاء، وأنك –نظريًا وتخيليا– تتحرك بسرعة الضوء، وهي 300,000 كيلومتر في الثانية. ولنقل إنك شخص يخاف من الظلام، لذلك قررت تشغيل أضواء الصاروخ الأمامية؛ فكم ستكون سرعة الضوء الخارج من أمام الصاروخ؟ يمكن أن

تعتقد أنها يجب أن تكون سرعة الضوء بالإضافة إلىٰ سرعة الصاروخ نفسه، ومـن ثَـمَّ يجب أن تتحـرك بسـرعة 600,000 كيـلـومتر في الثانيـة. لسـوء الحـظ، هذا ليس ما يحدث. سرعة الضوء تبقىٰ ثابتة بغض النظر عـن سرعة مصـدرها، الـذي هـو -في هـذه الحالـة- الصـاروخ. سيبقىٰ الضـوء يتحـرك بسرعة 300,000 كيلومتر في الثانية، بغض النظر عن سرعة الصاروخ.

ربما لم تمتلئ بشعور الإعجاب بعدُ، وتتساءل:

- حسنًا، ما علاقة ذلك بالزمن؟

سأخبرك أن هذا أمر خطير جدًّا؛ لأنه يعني أن الضوء سيقطع مسافة 300,000 كيلومتر في الـزمن نفسـه، وهـو ثانيـة واحـدة، علىٰ الرغم مـن مضاعفة السرعة. وهـذه هـي المسـافة نفسها التي ستقطعها إذا كانت علىٰ مصدر ساكن. من الناحية المنطقيـة، يمكـن أن نتوقـع أن يقطـع الضـوء هذه المسافة في نصف الثانية فقط، حيث يجب أن تكون سرعته قد ازدادت إلىٰ 600,000 كيلومتر في الثانية، ولكـن -بدلًا مـن ذلك- يصـل الضـوء إلىٰ وجهته في الزمن نفسه.

هذا يعني أن الزمن يبطئ مع زيادة السرعة، والزمن يتوقف تمامًا عند سرعة الضوء. وهذا يعني أن الزمن ليس مطلقًا، وليس ثابتًا كما كنا نعتقد. تخيل: لقد أثبت أينشتاين ذلك بالمعادلات الرياضية التي وضعها في نظريته للنسبية الخاصة؛ فقد أظهر أن الكون الذي نعيش فيه ليس - كما كنا نعتقد- ثلاثي الأبعاد: الطـول والعـرض والارتفـاع، بـل هناك بُعـد رابع لا نستطيع

رؤيته؛ وهو الزمن. كل شيء يتكون من الطول والعرض والارتفاع والزمن. الزمن أيضًا بُعد يتغير؛ يمكن أن يمتد أو يَقصُر، واتجاه حركته يمكن أن يتغير تمامًا مثل الأبعاد الثلاثة التي نعرفها.

الأمر فعلًا هو على النحو الذي ذَكَرتُه: يتكون الكون مما يُعرف بـ "نسيج الزمكان"، الذي يتألف من هذه الأبعاد الأربعة. ما يُغيِّر في البعد الرابع (أي الزمن) هو سرعتك. كلما زادت سرعتك؛ تباطأ الزمن أكثر. الصعوبة في فهم هذا المفهوم هي أننا نستطيع رؤية الأبعاد الثلاثة للطول والعرض والارتفاع، ولكننا لا نستطيع رؤية الزمن. يصارع إدراكنا لفهم أن الزمن هو أيضًا بُعد متغير، وليس ثابتًا.

هذا يقودنا إلى مفهوم Time Dilation أو "تمدد الزمن"؛ وهو ما يعني أن الزمن الذي يمر لأي جسم متحرك؛ يتغير وفقًا لسرعته. كلما زادت سرعة الجسم، زاد تباطؤ الزمن بالنسبة له. ولكن الزمن يتباطأ بطريقة يمكن اكتشافها عند سرعات عالية جدًا.

وليس الزمن وحده هو الذي يتغير عند السرعات العالية؛ بل إن الأبعاد أيضًا تتغير. إذا رأيت صاروخًا يتحرك بسرعة عالية، ستشعر أن طوله ينكمش ويبدو أقصر. كلما اقترب من سرعة الضوء، زاد انكماش طوله. وعندما يصل الجسم المتحرك إلى سرعة الضوء؛ يختفي طوله تمامًا، ويتحول إلى نقطة مجردة.

في يونيو 1905، قدم أينشتاين ورقة بعنوان" Special relativity theory" (نظرية النسبية الخاصة) إلى واحدة من أبرز المجلات العلمية

في أوروبا. فكرته كانت ثورية مبتكرة تمامًا بالنسبة لعلماء الفيزياء في ذلك الوقت. على وجه الحق، بنى أينشتاين نظريته على أبحاث سابقة قام بها علماء آخرون مثل "هنري بوانكاريه"، و"هندريك لورنتز" لكن أينشتاين كان أول من جمع النظرية بأكملها، وتوصل لأن سرعة الضوء هو ثابت كوني، وأنها تساوي حد السرعة القصوى المسموح للوصول لها في الكون.

هذه الأوراق البحثية التي قدمها أينشتاين أدت إلى انهيار الفيزياء الكلاسيكية التي استمرت لأكثر من مائتي عام، واستندت إلى أعمال عمالقة؛ مثل: إسحاق نيوتن وماكسويل وجاليليو. ويرجع ذلك إلى أن "السير إسحاق نيوتن" اعتبر الزمن مثل القطار، يتحرك بسرعة ثابتة في خط مستقيم. وعندما سُئل نيوتن عن الزمن؛ قال إنه ليس بحاجة لشرح ما هو الزمن؛ لأنه أمر مطلق.

أنا حقًا أحب ثقته بنفسه. هنا، أتذكر اقتباسًا للعالم الفلكي الشهير "نيل ديجراس تايسون"، الذي قال: "من السهل التفكير أن لديك ما يكفي من المعلومات لتجعلك تشعر بأنك على صواب، ولكن أصعب شيء هو معرفة أنه ليس لديك ما يكفي من المعلومات لتعرف أنك على خطأ".

في الواقع، أثبت أينشتاين في نظريته للنسبية الخاصة أن تصريحات نيوتن حول الزمن كانت خاطئة. الزمن ليس مثل القطار، وليس ثابتًا، لكنه نسبي. الزمن يتغير اعتمادًا على المراقب، أو اتجاه الجسم المتحرك. ضع مليون خط تحت كلمة "نسبي".

بالإضافة إلى ذلك، وضع أينشتاين المعادلة الشهيرة $E = MC^2$؛ وهي تعني أن "الطاقة تساوي الكتلة مضروبة في مُربع سرعة الضوء". وتفسر هذه المعادلة العلاقة بين الطاقة والكتلة، مُظهرةً أنهما وجهان لعملة واحدة، وأنه يمكن تحويل الطاقة إلى مادة؛ والعكس بالعكس صحيح. تفسر هذه المعادلة أيضًا أن كمية صغيرة جدًا من المادة يمكن أن تحتوي على كمية هائلة من الطاقة. ولتحرير تلك الطاقة؛ نحتاج إلى تفاعل نووي. وقد تم توظيف تلك المعادلة لاحقًا في اختراع القنابل الذرية، والمفاعلات، والأسلحة النووية، مع العلم أنه لم يشارك في اختراعها، لكن تم توظيف معادلته –عن طريق العالم أوبنهايمر– في إنجاز ذلك.

على الرغم من كل هذه الأفكار الثورية؛ فإنه عندما نشر أينشتاين ورقته البحثية عن نظرية النسبية الخاصة، في العديد من المجلات العلمية، وكان متحمسًا جدًا لرؤية رد فعل مجتمع الفيزياء؛ تم تجاهله تمامًا؛ وذلك لأنه كان موظفًا في مكتب براءات الاختراع، ولم يكن لديه درجة الدكتوراة في الفيزياء أو حتى الرياضيات. كان ذلك محبطًا للغاية وأدى إلى إصابته بالاكتئاب، ولكن لحسن الحظ، بعد حوالي أربعة أشهر، وقعت ورقته – حول النسبية الخاصة– في يد الشخص الصحيح القادر على فهمه. إنه واحد من أعظم الفيزيائيين النظريين في التاريخ، وهو مؤسس نظرية الكم: "ماكس بلانك". وعلى الرغم من أن أينشتاين كان مجهولًا لماكس بلانك؛ فإن

بلانك عرف -على الفور- أهمية البحث وأُعجب كثيرًا بنظرية النسبية، ودعَم صحتها.

بدأ المجتمع العلمي -بعد ذلك- في قبول النظرية، وبدأ أينشتاين يُدعى لإلقاء محاضرات في العديد من المؤتمرات الدولية، وارتفع اسمه عاليًا في العالم الأكاديمي، وعُرضت عليه العديد من الوظائف في الجامعات الكبرى؛ مثل: زيورخ وبراغ وبرلين، وفي المعهد الفيدرالي السويسري حيث تخرج، وحيث رفض الأساتذة كتابة توصية له حين تخرجه.

قد تقول: "حسنًا، ربما خيال أينشتاين كان مفرطًا، وكل هذا يمكن أن يكون مجرد حبر على ورق."

سأقول لك إن تصريحاته النظرية تم تأكيدها من خلال تجارب عملية بعد 66 عامًا من نشر نظريته.

أُجريت تجربة هافيل-كيتينج Hafele Keating experiment في عام 1971 على يدي الفيزيائي جوزيف هافيل Joseph Hafele وعالم الفلك ريتشارد كيتينج Reacherd Keating. قاما بأخذ ساعتين ذريتين (atomic clock)، تتمتعان بدقة فائقة، ولا تتركان مجالًا للخطأ، كما أن مزامنتهما تتم بشكل مثالي، ثم وضعا إحدى الساعتين على متن طائرة نفاثة، وأبقيا الأخرى على الأرض. حلقت الطائرة بسرعات عالية جدًا لفترة معينة، وبعد هبوطها؛ قاما بعقد مقارنة بين الساعتين.

تتساءل معي عما حدث! تبَيَّن أن الساعة التي تحركت بسرعات كبيرة على متن الطائرة كانت متأخرة قليلًا، مقارنة بالساعة التي بقيت على الأرض، بفارق كسور من الثانية. وكان هذا التأخير بالضبط هو الكمية التي

حسبها وتنبأ بها أينشتاين في معادلاته للنسبية الخاصة. وهـذا يعني أن نظرية النسبية الخاصة دقيقة بنسبة 100٪. لقد أثبتت بالدليل الملحوظ أن الزمن يمر ببطء أكبر بالنسبة لجسـم متحرك بسرعات عالية، كمـا لـو كـان الـزمن يتمدد، فإذا وصلت إلىٰ سرعة الضوء؛ سيتوقف الزمن تمامًا، وإذا تجاوزت سرعة الضوء، يمكنك نظريًا السفر عبر الزمن.

قد تقول: "ولكن عندما أسافر مـن دولة إلىٰ أخرىٰ، هـذا لا يحدث لي."

سأقول، نعـم. أنـت تجرب تمـدد الـزمن، ولكن بكسـور مـن الثانيـة فقط؛ ذلك لأن سرعة الطائرة أبطأ بكثير من سرعة الضوء، لذلك لا تلاحظ أي فرق.

قد يقول شخص مـا: "حسـنًا، شـاهدت عقرب الثواني علىٰ سـاعتي أثناء وجودي علىٰ متن الطائرة، وحركتها كانت بنفس السرعة."

سأقول إن مسألة تباطؤ الزمن لا تتعلق بعقرب الثواني علىٰ ساعتك وحسب، بل إن الزمن يبطئ أيضًا بالنسبة لك شخصيًا: تبطئ التفاعلات الكيميائية والإشارات في مسارات الأعصاب في دماغك، وجميع عملياتك البيولوجية الحيوية؛ مثل دقات قلبك، ومعدل التنفس؛ كلها تبطئ بالقدر نفسه. وهذا يشمل الإشارات التي تنتقل من عقرب الثواني علىٰ ساعتك إلىٰ عينيك ثم إلىٰ دماغك. ولهذا السبب يبدو كل شيء طبيعيًا وثابتًا.

على سبيل المثال، إذا كنت نائمًا وزاد حجم كل شيء من حولك، بما في ذلك جسمك فجأة بمقدار 10 مرات؛ فهل ستلاحظ أي تغيير في الحجم؟

بالطبع لا!

في الختام، أظهرت النظريات والتجارب الثورية لنا أن فهمنا للزمان والمكان، وحتى الكون نفسه، أكثر تعقيدًا وسحرًا بكثير مما أدت إليه الفيزياء الكلاسيكية.

هناك مفارقة مشهورة جدًا تتعلق بنظرية النسبية تعرف بمفارقة التَّوءَم Twins paradox، تقول إنه "إذا كان هناك توءمان أخوان عمرهما 25 عامًا، على سبيل المثال، وأحدهما انطلق بصاروخ، وسافر عبر الفضاء بسرعة قريبة من سرعة الضوء، فوفقًا لساعته الخاصة و معدل مرور الزمن عليه، ستكون قد مرت 5 سنوات عليه. ومع ذلك، سيجد أن أخاه التوءم الذي بقي على الأرض قد صار رجلًا عجوزًا، وبلغ عمره 75 عامًا"؛ وذلك نظرًا لتمدد الزمن الذي حدث للأخ المسافر في الفضاء بسبب سرعته التي تقترب من سرعة الضوء.

هنا يجب أن نطرح على أنفسنا سؤالًا فلسفيًا مهمًا جدًا: هل هذا يعني أن التوءم الذي قضى 5 سنوات في الفضاء في الواقع سافر 45 سنة إلى مستقبل البشرية التي بقيت على الأرض مع أخيه؟

هذه الفكرة تركت علماء الفلك والفيزيائيين يفكرون بشدة في إمكانية السفر عبر الزمن، خصوصًا إلى المستقبل؛ لأن ذلك يعني أنه لا توجد حدود بين الماضي والحاضر والمستقبل؛ كلها تحدث في الوقت نفسه. كل ما عليك فعله هو تغيير سرعتك لتكون قادرًا على السفر من زمن إلى زمن آخر، سواء إلى الماضي أو المستقبل. ولكن مناقشة فرضية السفر عبر الزمن ستستغرق وقتًا طويلًا، لذلك سأعالجها في قسم منفصل.

إذن ما الفائدة التي نحققها –نحن الأشخاص العاديين– من نظرية النسبية؟ ماذا أضافت إلى حياتنا؟

دعني أقول لك: لو لم تكن هناك نظرية النسبية؛ لما كنا قادرين على الاستفادة من الأقمار الصناعية. وهذا يعني أننا لن نكون قادرين على استخدام الهواتف المحمولة، أو الراديو، أو التلفزيون، أو نظام تحديد المواقع (GPS)، أو حتى توقع الطقس، إلى جانب أمور أخرى كثيرة.

قد تسأل:

–"ما علاقة الأقمار الصناعية بالنسبية؟

" حسنًا!

تعتمد الأقمار الصناعية بشكل كبير على تزامن دقيق للغاية بين الوقت الذي تُجمع فيه البيانات خارج الأرض والوقت الذي تُرسل فيه هذه البيانات إلى الكوكب. ببساطة، يجب أن يكون التوقيت بين جمع البيانات وإرسالها إلى الأرض دقيقًا للغاية.

نظرًا لأن هذه الأقمار تدور حول الأرض بسرعات عالية نسبيا، تصل إلى 27,000 كيلومتر في الساعة؛ ماذا تعتقد أن يحدث للزمن على هذه الأقمار؟ الزمن يتمدد أو يبطئ، مما يؤدي إلى فرق زمني بكسور من الثانية. هذا الفرق الزمني، على سبيل المثال، سيؤدي إلى خطأ يومي في نظام تحديد المواقع (GPS) يبلغ 11 كيلومترًا. إنها قراءة مختلفة تمامًا.

الحال في الأقمار الصناعية هو أنها مجهزة بساعات ذرية تقرأ بسرعة أسرع بقليل بكسور من ميكروثانية، لتعويض تمدد الزمن الناتج عن سرعاتها المدارية العالية.

إذا كنت تتساءل: لماذا سمى ألبرت أينشتاين نظريته باسم نظرية "النسبية الخاصة"؛ فسأخبرك بأنها تعاملت فقط مع حالات محددة – أي الأشياء التي تتحرك بسرعات ثابتة وفي اتجاه واحد فقط.

ولكنه أراد أيضًا أن يفهم ما يحدث في الكون بأكمله، وليس فقط وضع أفكار نظرية على الورق. ونظرا لأن نظرية النسبية الخاصة تفشل عند تطبيقها على الأشياء التي تغيّر سرعاتها، أي الأشياء التي تتسارع، والحال أن كل ما في الكون يتسارع؛ فقد دفعه ذلك ليدرك أن نظريته كانت غير مكتملة.

هذه النظرية لم تكن تشرح سوى تأثير السرعة في الزمن، ولكنها لم تحسب ما اعتبره الأهم في الكون: الجاذبية. ولم تكن بقادرة كذلك على شرح سلوك الأشياء في الزمان والمكان. ولهذا سماها "النسبية الخاصة". ثم إنه قضى عشر سنوات أخرى يعمل على تحويل نظريته إلى نظرية عامة

يمكن تطبيقها على جميع الأشياء في الكون، بما في ذلك الأشياء التي تتسارع أو تتحرك في اتجاهات مختلفة. وشملت هذه النظرية العامة أيضًا القوة الخفية التي لم يتمكن حتى نيوتن من فهمها؛ وهي قوة الجاذبية.

جدير بالذكر أنه بالنسبة لأولئك الذين يشعرون بالارتباك حول هذا الأمر، فإن قوانين نيوتن للجاذبية دقيقة تمامًا. ومع ذلك، لم يكن نيوتن يعرف ما هي القوة الخفية التي تجذب الأشياء بعضها نحو بعض.

كان أينشتاين قادرًا على فهم هذا في نظريته للنسبية العامة، التي سنناقشها بالتفصيل لاحقًا. في ذلك الوقت، نصحه العالم الشهير ماكس بلانك بعدم العمل على الجاذبية؛ لسببين: الأول، شرح القوة الخفية التي تجذب الأشياء بعضها نحو بعض أمر صعب للغاية، (حتى نيوتن نفسه لم يستطع فهمها). والآخر هو أنه حتى لو استطعت شرحها، فإنه لن يصدقك أحدًا. كان بلانك صريحًا تمامًا!

وعلى أية حال فقد كان فضول ألبرت أينشتاين أكبر من أي كلمات يمكن أن تحتويها، حتى لو جاءت من واحد من أشهر العلماء في زمانه. وهذا يعلمنا أننا يجب ألّا نسمح لأي أحد كان بتحديد حدود طموحاتنا. مهما كانت الظروف؛ فإن إمكاناتنا لا حدود لها. الحدود الوحيدة هي تلك التي نضعها لأنفسنا.

الفصل الثاني

رحلة أينشتاين في فهم الجاذبية، من خلال نظرية النسبية العامة، وصولًا إلى الثقوب السوداء والثقوب الدودية

عندما نشر ألبرت أينشتاين أبحاثه حول نظرية النسبية الخاصة في عام 1905؛ كان ردُّ العلماء إما السخرية وإما التجاهل التام. كان العلماء في ذلك الوقت يعتبرون أفكاره غريبة وغير منطقية، وكانوا يعتقدون أنها لا يمكن أن تكون حقيقية. بكل صدق، يمكن القول إنهم كانوا معذورين في ذلك؛ لأن الأفكار الثورية حول سرعة الضوء وأن الزمن هو البعد الرابع، وأنه متغير –كانت عصية على الفهم. خاصة أنه لم يكن عالمًا، ولم يحصل على شهادة الدكتوراه، بل كان موظفًا بسيطًا في مكتب لبراءات الاختراع.

وردُّ العلماء في ذلك الوقت كان يشمل تساؤلات حول جرأته على تحدي أعظم عالم عاش على وجه الأرض، وهو السير إسحاق نيوتن، الذي تم التحقق من صحة نظرياته لأكثر من مائتي عام. ومن هذا تعريف نيوتن للجاذبية القائم على أن أي جسمين لديهما كتلة ومتباعدين بمسافة، سيجذب كل منهما الآخر. (كلما زادت كتلة الجسم، زادت قوة الجذب الذي يمارسه على الأجسام المحيطة به)؛ ولكنه لم يكن قادرًا على تحديد مصدر هذه القوة وكيف تنشأ، وظل هذا المفهوم حول الجاذبية قائمًا لأكثر من 200 عام.

في الحقيقة، لم يكن أينشتاين راضيًا عن نتائج نظرية النسبية الخاصة؛ وذلك لأن النظرية كانت تنطبق بنجاح فقط في حالة ما إذا كان الجسم المرصود يتحرك في مسار مستقيم وبسرعة ثابتة، أي في حالة ثبات المسار والسرعة. وإذا حدث تغيير في أي من هذين العاملين؛ فإن معادلات النسبية

الخاصة لا تعمل، وتنتج نتائج غير صحيحة. وكانت النظرية تفشل في حالة تأثير الجاذبية، أو إذا كانت سرعة المراقب تزيد.

وظل أينشتاين يطور في نظرية النسبية على مدى عشر سنوات، من عام 1905 إلى 1915، حتى نشر أوراقه البحثية حول نظرية النسبية العامة التي غيرت مفهوم الإنسانية حول الجاذبية. ولعل مما ساعد أينشتاين على الوصول لهذه الأفكار هو أنه يمتلك خيالًا واسعًا، ولم يكن هناك قيودًا على تفكيره، وكان يجري تجارب فكرية مدهشة.

في موقف معين، كان جالسًا على سلم بجانب مكتب براءات الاختراع عندما خطرت له واحدة من أشهر تجاربه الفكرية، التي كانت سببًا في ولادة نظرية النسبية العامة التي غيرت مفهوم الإنسانية للجاذبية. في تلك اللحظة، رأى رجلًا ينظف نوافذ مبنى من الخارج، وبدأ يتساءل: ماذا سيحدث إذا سقط العامل؟

بالطبع، سيقول شخص عادي مثلنا إن الرجل سيصاب إصابات بالغة بالتأكيد، وهذا أمر مفهوم!

لكن أينشتاين كانت وجهة نظره مختلفة. تخيل نفسه مكان العامل وهو يقع، ولم يكن قلقًا حول ما سيحدث له عند السقوط؛ بل كان يفكر فيما سيشعر به أثناء السقوط.

أدرك أنه خلال سقوطه، ستكون الجاذبية هي القوة الوحيدة التي تؤثر فيه، وسيخضع جسمه للتسارع نحو الأرض. لكن بما أن الأرض لن تدفع

جسده للأعلىٰ؛ فإنه لـن يشـعر بـأي وزن. وبـدون مقاومـة الهـواء سيكـون جسده في حالة سقوط حر، مشابهة لإحساس انعدام الوزن في الفضاء.

فكَّر أيضًـا في ركـوب المصعد. إذا سقط المصعد، سيطفو هو نفسه داخل المصعد بجانب كل شيء آخـر؛ وهـذا ممـا يعطيه إحساسًا بانعدام الوزن. وإذا ارتفع المصعد بسرعة عالية جدًا؛ سيشعر وكأن الجاذبية تـزداد؛ وهذا مما يجعل جسده أثقل علىٰ الأرض.

أدت هذه الفكرة إلىٰ توصل أينشتاين لنقطة في غاية الأهميـة، وهـي أن التسـارع أو (Acceleration) والجاذبيـة همـا في الحقيقـة وجهـان لعملـة واحدة، وأن الجاذبية هي نتيجة لتسارع الأرض في الفضاء.

في هـذه المرحلـة، تمكـن أينشتاين مـن ربـط الجاذبية بنظريـة النسبية الخاصة، كما أجرىٰ واحدة من أشهر تجاربه الفكرية:

تخيل نفسه في غرفة لا تحتوي علىٰ نوافذ علىٰ الإطلاق، وهو واقف علىٰ ميـزان. بـالطبع، إذا وزنـت نفسـك في أي مكـان ثابـت علىٰ الأرض، سيظهر لك وزنك الطبيعي، وهو مثلًا 80 كيلوجرامًا.

ثم تخيل نفسه في الغرفة نفسها، ولكن داخل صاروخ يطير عموديًا في الفضاء، بعيدًا عن جاذبية الأرض. ولكن الصاروخ يطيـر بتسـارع قدره 9.8 متر في الثانية المربعة، وهو تسارع الجاذبية نفسه علىٰ كوكب الأرض. إذا وزنت نفسك في هذا الوقت؛ سيظهر وزنك كما هو علىٰ الأرض، وهـو 80 كيلوجرامًا أيضًا.

وبما أن الغرفة لا تحتوي على نوافذ، فهذا يعني أنه سيكون من المستحيل بالنسبة له معرفة ما إذا كان لا يزال على الأرض أم يطير في الفضاء.

قد تتساءل: **ما هو نوع الفضاء الذي كان يتخيله أينشتاين؟**

تابع معي وحسب هذه التجربة الفكرية حتى النهاية، وراقب ماذا استخلص أينشتين من كل هذا.

سأل أينشتاين نفسه سؤالًا:

هل هناك طريقة يمكنه من خلالها التفريق بين كونه على الأرض أو أنه يطير في الفضاء داخل صاروخ، بمعدل تسارع مماثل لجاذبية الأرض؟

تخيل ما الذي قد يحدث لو كان معه –في الغرفة داخل الصاروخ– مصباح يدوي أو شعاع ليزر. إذا وجهه نحو الجدار المقابل، وكان لديه جهاز قياس دقيق جدا، سيتمكن من قياس ارتفاع الضوء على الجدار مقارنة بارتفاع المصباح. ما سيجده هو أن الضوء سينحني.

السبب في ذلك هو أن أرضية الغرفة تتسارع للأعلى بسرعات متزايدة، بسبب حركة الصاروخ، بمعدل 9.8 متر لكل ثانية مربعة. أي أنه إذا تخيلت أن شعاع الضوء مقسم إلى أقسام، فإن كل قسم منها سيكون له سرعة متزايدة من المصباح إلى الجدار، مما يجعل الضوء على الجدار ينحني.

إذا قمنا بالتجربة نفسها ووضعنا المصباح على الأرض، هل تعتقد أن الضوء سينحني أم لا؟

اعتقد أينشتاين أن الضوء ينبغي أن ينحني. التسارع في الغرفة على الصاروخ لا يختلف عن الغرفة تحت تأثير جاذبية الأرض، واستنتج أن الضوء ينبغي أن ينحني بسبب تأثير الجاذبية.

قد يسأل شخص سؤالا صائبا: ألا ينبغي للضوء دائمًا أن يأخذ المسار الأقصر بين نقطتين، أي يجب أن يذهب في خط مستقيم؟

إجابتي ستكون أن الضوء بالفعل يأخذ المسافة الأقل بين نقطتين، لكن هذه المسافة تبين أنها ليست خطًا مستقيمًا على الإطلاق.

نعم، بالضبط، كما كنت أقول لك، ليست المسافة الأقل بين نقطتين بالضرورة خطًا مستقيمًا، على عكس ما كنا نعتقد دائمًا. تصور أينشتاين أن سطح الأرض المنحني يجعل أي مسافة بين نقطتين على سطحه ليست خطًا مستقيمًا بالضرورة. بمعنى آخر فإن المسافة الأقل بين نقطتين على سطح منحنٍ هي منحنىً.

بدأ أينشتاين في تعميم هذه الفكرة على الفضاء كله، مقترحًا أن الجاذبية قد تكون السبب في انحناء الفضاء نفسه، وافترض أن في الفضاء ليست الخطوط المستقيمة بالضرورة هي المسارات الأقل بين نقطتين. الكتلة تؤدي إلى انحناء الفضاء بحيث يصبح المسار الأقل الذي يمكن أن

يسلكه الضوء هو المسار المنحني. وهذه كانت الفكرة الأساسية لأينشتاين بشأن الجاذبية.

لكن حتى تلك اللحظة، كانت هذه كلها مجرد أفكار في عقله. وللتعبير عن هذه الأفكار بصيغة رياضية، كان يحتاج إلى رياضيات معقدة جدًا، صعبة حتى على عبقري مثل أينشتاين. اتصل بصديق قديم له من أيام الجامعة، هو العالم السويسري في الرياضيات مارسيل جروسمان، الذي كان قد أكمل لتوِّه رسالة الدكتوراه حول هندسة الفضاءات المنحنية. بالفعل، ساعد جروسمان صديقه أينشتاين على اكتشاف رياضيات الزمكان المنحني، وهذه المعادلات هي أساس النسبية العامة.

كانت هذه النظرية تتعارض إلى حد بعيد مع النظريات السائدة التي هيمنت لأكثر من مائتي سنة. فوفقًا لنيوتن، الزمان والمكان ثابتان، والجاذبية هي قوة غامضة تجذب الأجسام بعضها إلى بعض. لكن نظرية أينشتاين مبنية على فكرة أن الجاذبية ليست قوة بين الأجسام الكبيرة؛ لكنها نتيجة لانحناء نسيج الزمكان، بسبب الكتلة الكبيرة لهذه الأجسام.

وهذا الانحناء يجعل الأجسام الأقل كتلة تدور في هذه المنحنيات؛ وهذا هو سبب دوران الكواكب حول الشمس؛ نظرا لأنها الأكبر كتلة في نظامنا الشمسي.

ويقول أينشتاين في جملة شهيرة:

Space-time tells matter how to move.

Matter tells space time how to curve.

"الزمكان يخبر المادة كيف تتحرك،

والمادة تخبر الزمكان كيف ينحني".

هنا فهم أينشتاين طبيعة عمل الجاذبية. مثلًا، جاذبية الأرض تكون في الأساس انحناء نسيج الزمكان الذي يحيط بالأرض على سطحها من جميع الاتجاهات نحو الأرض. وبسبب هذا الانحناء، يَفرِض نسيج الزمكان ضغطًا علينا؛ وهو مما يُثبتنا على الأرض.

في هذا السياق، تمكن أينشتاين من الوصول إلى القوة المخفية التي لم يكن نيوتن قادرًا على فهمها، وهي انحناء نسيج الزمكان الناشئ بسبب كتلة الأجسام. وهذا يسهل حركة جميع الأجسام في الكون.

بعد نشر أينشتاين لأبحاثه عن النسبية العامة في عام 1915، لم يكن هناك الكثير من العلماء مقتنعين بها، كالعادة. النظرية بحاجة لتقديم براهين قابلة للفحص والقياس. جاء هذا البرهان من خلال كوكب (Mercury) أو عطارد. وهذا لأن مدار كوكب عطارد كان يُشكل لغزًا على مر مئات السنين؛ إذ يدور حول الشمس بطريقة مختلفة غريبة، مقارنة بالكواكب الأخرى. إن كوكب عطارد يدور حول الشمس في مدار بيضاوي (ellipse)، وعلى الرغم من هذا؛ فإنه يحصل إزاحة في مداره حول الشمس، بمعنى أن كل دورة كاملة له حول الشمس تنتهي بنقطة مختلفة عن التي بدأ منها؛ بسبب حدوث إزاحة له في مداره.

هنا، تم حل اللغز عن طريق نظرية النسبية العامة، التي تطابقت تمامًا مع الملاحظة التي كانت لغزًا لمئات السنين، وفسرت حركة كوكب عطارد الغريبة في مداره بمعادلات نظرية النسبية العامة بدقة شديدة.

هل يمكنكم تصور ما كان يشعر به أينشتاين في تلك اللحظة؛ لكونه الشخص الوحيد في العالم الذي فهم كيف يعمل الكون؟

مع هذا، واصل العديد من العلماء شكوكهم في صحة نظريته، حتى جاء التأكيد الذي لا يقبل التشكيك في عام 1919، بعد أربع سنوات من نشر النظرية. وقد حدث هذا عندما قام عالم الفلك البريطاني آرثر إدينجتون بإجراء تجربة رصدية لتصوير النجوم المجاورة للشمس.

قد تتساءل:

"كيف استطاع أن يرى النجوم المجاورة للشمس؟ هل يمكن رؤية النجوم خلال النهار؟"

لديك حق؛ فضوء الشمس قوي جدًا وشديد السطوع، لدرجة أنه يصعب علينا رؤية أي نجم في النهار. لذلك تمت التجربة خلال حدوث كسوف كلي للشمس، حيث تكون الشمس موجودة في السماء أمامهم، وفي الوقت نفسه يكون الجو مظلمًا؛ وهذا مما يتيح لنا رؤية النجوم المحيطة بها بوضوح.

ولك أن تسأل: **وما الهدف من هذا؟**

دعني أذكرك بسرعة أن أينشتاين قال إن الأجسام ذات الكتلة تُحدث انحناء الزمكان، وأن الضوء عندما يمر بجوار جسم ذي كتلة؛ يتبع هذا الانحناء؛ أي أن الضوء نفسه ينحني أيضًا. ولو عدنا إلىٰ تجربتنا، سنلاحظ أنه بما أن الشمس هي أكبر جسم ذي كتلة في المجموعة الشمسية لدينا؛ فإنه ينبغي أن يسبب انحناء ضوء أي نجم يمر بجواره.

- كيف سنعرف أن الضوء قد انحنىٰ؟

سنجد أن موقع النجم قد تغير عن موقعه الحقيقي.

- كيف سنعرف الموقع الحقيقي للنجم؟

سنعرفه عند تصويره ليلًا في غياب الشمس، أي لن يكون هناك انحناء في الزمكان الناتج عن الشمس.

نعود إلىٰ تجربتنا: قام (آرثر إدينجتون) بتصوير النجوم المجاورة للشمس خلال حدوث كسوف كلي للشمس؛ لكي نتمكن من رؤية تلك النجوم، ثم قارن موقع النجوم –في تلك الصور– بالصور التي التقطها ليلًا للنجوم نفسها؛ ووجد أن مواقع النجوم تتغير فعلًا عند وجود الشمس، مقارنة بمواقعها ليلًا، وهذا يعني أن الضوء القادم منها ينحني فعلًا بسبب انحناء الزمكان الناتج عن كتلة الشمس، تمامًا كما تنبأ أينشتاين. وهذه اللحظة هي اللحظة التي كانت فاصلة في ذيوع شهرة أينشتاين، واتفق المجتمع العلمي علىٰ صحة نظريته.

لو لاحظنا تأثير الجاذبية بهذا المفهوم على الزمن؛ فإننا نتساءل:

- **هل الانحناء الذي يحدث في نسيج الزمكان يكون عبارة عن تغيير في المساحة وحسب، أم يتغير في الزمن أيضا؟**

هنا يأتي دور نظرية النسبية الخاصة التي أثبتت أن الضوء يتحرك دائما بالسرعة نفسها، بصرف النظر عمَّا إذا كان الضوء -في وجود الجاذبية- يكون بالسرعة نفسها في حالة عدم وجودها، من غير مروره بانحناء نسيج الزمكان.

بما أن السرعة تساوي المسافة مقسومة على الزمن، والمسافة التي يقطعها الضوء في مجال الجاذبية تكون أطول بسبب الانحناء، ومن أجل الحفاظ على سرعة الضوء الثابتة مهما زادت المسافة التي يقطعها؛ فمعنى ذلك أن الوقت سوف يمر بدرجة أكثر بطأً؛ لكي يمر الضوء في الزمن نفسه حتى مع زيادة المسافة. وهكذا يمكن أن نقول ببساطة إنه كلما انحنى نسيج الزمكان أو طال؛ انحنى الزمن وطال في الوقت نفسه.

هذا يثبت أن الزمن نفسه جزء من الفضاء المسمى (الزمكان)؛ الذي يتكون من أربعة أبعاد؛ هي: (الطول، العرض، الارتفاع، والزمن)؛ فالزمان والمكان لا يمكن فصل أحدهما عن الآخر؛ ولذلك يمر الوقت ببطء تحت تأثير الجاذبية. ومثلما اتفقنا على أنه كلما زادت كتلة الجسم؛ انحنى بشكل أكبر في نسيج الزمكان "space time fabric"؛ فإن الضوء يقطع مسافة

أكثر انحناءً، مقارنة بالانحناء مع كتلة أقل. ومن أجل ذلك كله يصبح الوقت غير ثابت.

يعني هذا أن الزمن يمر ببطء أكبر على الكواكب ذات الكتلة العالية، مقارنة بالكواكب ذات الكتلة الأقل، فإذا عشت يومًا واحدًا على كوكب ذي كتلة عظيمة؛ ستكون قد مرت سنوات عديدة على الأرض.

شاهدنا مثل هذا في فيلم "بين النجوم" "Interstellar" عندما هبطوا على كوكب ميلر ذي الكتلة الضخمة جدًا؛ نظرا لوقوعه بجانب ثقب أسود يُدعى **"جارجانتشوا"**. ومرور ساعة واحدة على هذا الكوكب يعادل 23 سنة كاملة على الأرض؛ وذلك بسبب الانحناء الشديد في نسيج الزمكان الذي يسببه الكوكب؛ وهو مما يجعل الزمن يمر ببطء شديد، مقارنةً بالزمن على الأرض، التي تعَدّ كتلتها ضئيلة بالمقارنة مع كوكب ميلر.

تفسير اينشتاين للجاذبية على هذا النحو يُوضح حركة الكواكب في مداراتها حول الشمس في مجموعتنا الشمسية؛ وذلك لأن الشمس تشكل أكبر كتلة في مجموعتنا الشمسية؛ إذ تبلغ كتلتها 99.86% من المجموعة الشمسية بأكملها. وهذا يعني أنها تسبب انحناء كبيرًا في نسيج الزمكان. وهذا الانحناء يؤدي إلى تأثير جميع الأجسام المحيطة بالشمس، بما في ذلك الكواكب والأقمار والكويكبات والنيازك، وستتأثر بهذا الانحناء، بغض النظر عن اتجاهها المبدئي، وسينتهي بها الأمر داخل هذه الانحناءات.

لذلك، لا تخرج الكواكب عن مداراتها حول الشمس؛ فكتلة الشمس كبيرة جدًّا بالنسبة لكتلة الكواكب؛ وهو مما يسبب انحناء كبير في نسيج الزمكان. يمثل هذا الانحناء قوة جاذبية الشمس التي تحافظ على دوران الكواكب في مداراتها حولها.

إذا كنت تتساءل: لماذا لا تستمر الكواكب في السقوط داخل الانحناء الذي تسببه جاذبية الشمس وتصطدم بها؟

أو لماذا لا تبتعد الكواكب عن مداراتها حول الشمس، وتضل في الفضاء؟ فهذه أسئلة منطقية ومثيرة للاهتمام بالفعل.

تأمل الأمر معي يا صديقي: الكواكب تتحرك بسرعات عالية منذ لحظة تكونها، ويعتبر هذا الحركة جانبية. أي، لولا تأثير الجاذبية الشمسية التي تحافظ على الكواكب في مداراتها حول الشمس؛ لكانت الكواكب قد طارت بعيدًا عن الشمس في خط مستقيم في الفضاء الواسع حتى تصطدم بجسم يدمرها أو يغير اتجاه حركتها.

في الوقت نفسه فإن السرعة العالية التي تتحرك بها الكواكب حول الشمس تخلق ما يعرف بالطاقة الزخمية أو "الطاقة الدورانية" (momentum energy)، وهذه الطاقة هي التي تمنع الكواكب من الانجذاب نحو الشمس والاصطدام بها. إذن يمكننا القول إنه بدون حركة الكواكب الجانبية، سيتم سحبها نحو المركز، والاصطدام بالشمس. وبدون تأثير جاذبية الشمس على الكواكب، ستطير في الفضاء في خط مستقيم.

إذن متىٰ يمكن أن يطير كوكب مثل كوكب الأرض بعيدًا عن مداره حول الشمس؟

إذا كانت السرعة الجانبية للأرض أكبر من تأثير الانحناء في نسيج الزمكان بسبب الشمس علىٰ الأرض؛ سيحدث ذلك. فكر فيها كأنك تأخذ حبلًا، وتربط فيه قطعة من الحديد، إذا أدرتَ الحبل بسرعة، ستجد قطعة الحديد تدور في مدار حول يدك. وتعتبر يدك هنا تمثيلًا لجاذبية الشمس. وإذا تركت الحبل؛ ستطير قطعة الحديد في خط مستقيم. وإذا قللتَ السرعة، ستصطدم قطعة الحديد بيدك؛ لأن طاقتها ستقل.

هنا سؤال منطقي آخر قد تسأله:

- **لماذا تدور كل الكواكب حول الشمس في الاتجاه نفسه؟ لماذا ليس هناك كواكب تدور في الاتجاه المعاكس؟**

دعني أقول لك إن هذا أيضًا سؤال ممتاز.

السبب هو أن عندما كانت مجموعتنا الشمسية تتكون قبل 4.5 مليار سنة، لم يكن كل شيء يدور في الاتجاه نفسه. كان هناك أجسام تتحرك في اتجاهات مختلفة. ولكن، مع مرور الوقت، ومن خلال الاصطدامات العديدة؛ تم تدمير العديد من الأجسام، إلىٰ أن بقيت تلك الأجسام التي تدور في الاتجاه نفسه دون غيرها.

يقـول قـانـون نيـوتن للجاذبيـة إن أي كتلـة تُحـدث تسـارعا للأجسـام المحيطة بها في اتجاهها، وكلما زادت الكتلة؛ زاد التسارع الناتج.

لنوضح بسرعة الفرق بين السرعة والتسارع (Velocity and Acceleration). السرعة تصف سرعة تغير موقعك، بينما التسارع يصف سرعة تغير سرعتك. ببساطة، السرعة تصف السرعة الحالية التي تقود بها سيارتك، مثلًا، 100 كم/ساعة. التسارع يصف معدل زيادة سرعتك من لحظة بدء القيادة حتىٰ تصل إلىٰ سرعتك الحالية.

نظرية النسبية العامة فسرت بشكل جميل حركة الكواكب في مداراتها حول الشمس. **بِمَ تنبأت هذه النظرية أيضًا؟**

الحقيقة هي أنه من خلال معادلات نظرية النسبية العامـة، التي تصف بالتفصيل شكل وهندسة الفضاء المحيط بالمادة، تم التنبؤ بوجود الثقوب السوداء عن طريق **كارل شوارتزشيلد "Karl Schwarzschild"** في عام 1915.

الثقوب السوداء هي أجسام ذات كتلة ضخمة تسبب تشوهًا وانحناءً كبيرًا في نسيج الزمكان، لدرجة أنه لا شيء يمكن أن يتخطاها، بما في ذلك الضوء نفسه. ولهذا السبب هي مظلمـة تمامًا، وتُعرف بالثقوب السـوداء. وهذه نقطة مثيرة للاهتمام، وقد تدفعك إلىٰ أن تتساءل:

كيف عرفوا بوجودها علىٰ الرغم من أنها مظلمًا تمامًا؟

يتم ذلك من خلال معرفة شكل الضوء الذي يُمتص على حدود الثقب الأسود، ويُطلق عليه أفق الحدث event horizon، وداخل الثقوب السوداء حيث توجد نقطة يُطلق عليها "التفرد" "singularity". والتفرد هو نقطة ذات كتلة هائلة مُركزة في نقطة لا نهائية الكثافة. تُخفق نظرية النسبية العامة وميكانيكا الكم كلتاهما في التعامل مع هذه النقطة الموجودة بداخل الثقب الأسود، وكذلك التي يفترض أن الكون كله بدأ من نقطة تماثلها.

في عام 1935، تنبأ أينشتاين والفيزيائي ناثان روزين –باستخدام معادلات نظرية النسبية العامة– بوجود جسور عبر الزمكان، أُطلق عليها – في البداية– جسور "أينشتاين–روزين"، وأصبحت تُعرف لاحقًا بالثقوب الدودية. هذه الثقوب هي نقاط فضائية ما زالت افتراضية حتى الآن، تربط بين نقطتين مختلفتين في الزمكان، وتُؤدي –نظريًا– إلى إحداث اختزال يمكن أن يُقلل وقت السفر والمسافة. وهذا يعني أن من يدخل واحدة منها؛ سيخرج إلى نقطة على بُعد مئات السنين الضوئية من نقطة الدخول، من دون الحاجة إلى قطع المسافة الفعلية بينهما في الفضاء.

وبحسب مقال نُشر في مجلة فيزياء الطاقة العالية في عام 2020، من المحتمل أن تكون الأفواه الدودية كروية، وقد يكون النفق ممتدًا بشكل مستقيم أو ملتفًا أيضًا، ويأخذ مسارًا أطول مما يتطلبه المسار التقليدي.

ولكن أينشتاين كان يرى أن السفر عبر هذه الثقوب الدودية الافتراضية هو شيء مستحيل؛ لأنها تغلق فورًا بمجرد فتحها بسبب تأثير الجاذبية. وللسفر من خلالها؛ نحتاج إلى العثور على طريقة لمقاومة هذه الجاذبية التي تغلقها. قد تكون هذه القوة عبارة عن محرك خاص ينتج مادة غريبة تحتوي على طاقة سالبة، تعمل بعكس الجاذبية، وهو مما يجعل الثقوب الدودية مستقرة بما يسمح بالسفر من خلالها.

وعلى أية حال فإن العلماء –حتى الآن– لم يتمكنوا من إنتاج تلك الطاقة السالبة بكميات كبيرة. كل ما تمكنوا من فعله هو إنتاجها في المختبرات، في حالات الفراغ المطلق. وسنتحدث –بالتفصيل –في فصل منفصل– عن كيفية إنتاج الطاقة السالبة.

لو أنك بعد كل ما قرأت لا تزال تعتقد أن هذا مجرد كلام فارغ، وأن فكرة أن الفضاء عبارة عن نسيج ينحني عند الجلوس عليه هي أفكار غير صحيحة؛ دعني أقول لك إن أفكار أينشتاين الرائعة تم إثباتها من خلال التجارب والملاحظات. على سبيل المثال، لقد تم تفسير تأثيرات كثيرة لم يتمكن قانون نيوتن للجاذبية من تفسيرها؛ مثل الانحرافات الدقيقة في مدارات كوكب عطارد والكواكب الأخرى. وقد تم رصد عدسات الجاذبية، التي تنبأ بها أينشتاين في نظرية النسبية العامة، عن طريق الفلكي الإنجليزي "أرثر إدينجتون" في سنة 1919. كذلك تم رصد موجات

الجاذبية عن طريق مرصد LIGO في سنة 2015. وتم التأكد أيضا من صحة نظرية النسبية العامة.

في الحقيقة أنه، من خلال معادلات النسبية العامة، تم حل بعض الألغاز الكونية، وتقديم تنبؤات كثيرة تم التأكد من صحتها لاحقًا بأدلة رصدية بعد عقود. من بين الأشياء الغريبة التي تنبأت بها المعادلات هي موجات الجاذبية "gravitational waves"، التي تم رصدها فعليًا بعد أكثر من 100 سنة من تنبؤ أينشتاين بوجودها.

إن واحدة من أكثر العمليات العنيفة التي تحدث في الكون هي اصطدام اثنين من أكبر الكتل وأشدها جاذبية في الكون: الثقوب السوداء أو النجوم النيوترونية. وهذا يؤدي إلى حدوث تموجات في نسيج الزمكان "space time fabric"، الذي يشكل الفضاء كله. وتنتشر هذه التموجات الكونية في الفضاء كله بسرعة الضوء، وتحمل معها معلومات عن مصدرها، وطبيعة الجاذبية نفسها.

يمكن مقارنة هذه العملية بتصادم غواصتين تنتج عنها تموجات في مياه البحر. وقد تمكن العلماء من رصد موجات الجاذبية باستخدام واحدة من أذكى الأجهزة على كوكب الأرض، هو مرصد LIGO، الذي يستطيع رصد حركات أصغر بعشرة آلاف مرة من نواة الذَّرَّة.

وكان العلماء يرون أن وجود مرصد بهذه الحساسية أمر شبه مستحيل، لأن صعوبة قياس حركات بهذه الدقة تعادل صعوبة قياس المسافة بيننا وبين

أقرب نجم لنا، وهو "ألفا ستوري"، بدقة أصغر من شعرة الإنسان. ونحن هنا لا نتحدث عن بضعة كيلومترات، بل نتحدث عن 4.2 سنة ضوئية.

وعلىٰ الرغم من أن اينشتاين تنبأ بوجود موجات الجاذبية في سنة 1916، بعد نشره أوراقه البحثية عن نظرية النسبية العامة؛ فإن الدليل الأول علىٰ وجودها جاء في سنة 1974، أي بعدها بـ 58 سنة، وبعد وفاته بعشرين سنة.

بدأت القصة عندما استخدم "راسل هولس" و"جوزيف تايلور"، وهما عالمان في الفيزياء الفلكية، مرصد Arecibo الراديوي الموجود في بورتوريكو. كانا يراقبان نجمين نيوترونيين موجودين علىٰ بعد 21,000 سنة ضوئية منا، يدور أحدهما حول الآخر، بهدف العثور علىٰ دليل رصدي لتأكيد توقعات اينشتاين حول حدوث تموجات في نسيج الزمكان في نظرية النسبية العامة.

لمدة ثماني سنوات، واصلا قياس التغيرات في مداري هذين النجمين النيوترونيين ومراقبتهما وهم يدوران أحدهما حول الآخر، بسرعات تقترب من سرعة الضوء، بطريقة تجعلهما يفقدان طاقتهما التي تتحول إلىٰ موجات الجاذبية.

وكانت النتيجة التي توصلا إليها هي أن النجمين يقتربان أحدهما من الآخر بالضبط وفقًا لما تنبأت به معادلات النسبية العامة؛ بسبب التموجات

التي تحدثها هذه النجوم في نسيج الزمكان. وفي العام 1993، نظرًا لهذا الاكتشاف، حصل العالمان على جائزة نوبل في الفيزياء.

منذ ذلك الحين، واصل علماء الفلك مراقبة التموجات التي تحدث في نسيج الزمكان، من خلال الانبعاثات الراديوية للنجوم النيوترونية. ولكن هذا لم يكن الدليل القاطع على وجود موجات الجاذبية؛ لأن هذه المراقبة نفسها لم تكن رصدًا مباشرًا، لكنها كانت تعتمد على الحسابات الرياضية.

أما الرصد المباشر والدليل القاطع على وجودها فقد جاء في عام 2015، عندما تم رصد تموجات في نسيج الزمكان ناتجة عن اصطدام اثنين من الثقوب السوداء فائقة الكتلة "supermassive black holes" على بعد مليار و 300 سنة ضوئية من كوكبنا. وهذا الإنجاز العلمي العظيم تم عن طريق مرصد LIGO، الذي يعتبر مرصد مقياس التداخل لموجات الجاذبية عن طريق الليزر، ووظيفته هي رصد التموجات التي تحدث في نسيج الزمكان.

وعلى الرغم من أن موجات الجاذبية التي تنتج عن اصطدام الثقوب السوداء أو النجوم النيوترونية بعضها ببعض تكون في غاية القوة والدمار؛ فإنها تضعف كلما انتقلت في الفضاء، مبتعدة عن مصدر الاصطدام. لذلك فإنها عندما تصل إلى كوكب الأرض، تكون ضعيفة جدا. وهذا ما يجعل رصد موجات الجاذبية أمرًا ليس سهلًا على الإطلاق؛ لأنه حتى أقوى موجات الجاذبية التي تصطدم بكوكبنا تمتد وتضغط كل ميل من سطح

الأرض، بمقدار واحد على عشرة آلاف من قطر البروتون؛ أي أنها قيمة متناهية الصغر من التموجات التي تحدث في نسيج الزمكان. ولكي نتمكن من رصدها، نحتاج إلى مرصد يقيس "دبيب النملة" حرفيًا. هذا ما جعل إينشتاين، عندما تنبأ بوجودها، يقول: **"على الرغم من أنني على يقين من وجود موجات الجاذبية؛ فإنني أعلم أنه من المستحيل رصدها."**

ولكن مع التقدم العلمي والتكنولوجي، لا شيء مستحيل؛ ففي عام 2015، بعد أن قضى الفيزيائيون سنوات طويلة في بناء وتجهيز "مرصد مقياس التداخل الليزري لموجات الجاذبية" LIGO، وهو اختصار للاسم "laser interferometer gravitational wave observatory"؛ نجحوا في رصدها.

لقد تمكنوا بالفعل من خلاله من رصد أول موجة من موجات الجاذبية، وحتى الآن تم رصد حوالي 100 موجة من موجات الجاذبية القادمة من الفضاء.

دعني أحدثك ببساطة عن المرصد الذي يعتبره العلماء أكثر الأجهزة التي تم بناؤها على وجه الأرض حساسيةً.

هذا المرصد ليس مرصدًا واحدًا، بل هما مرصدان متطابقان يقع كل منهما على بُعد 3000 كيلومتر من الآخر؛ واحد في واشنطن والآخر في لويزيانا، وذلك للمقارنة بين النتائج التي تتحقق من خلال كل منهما، والتأكد منها. وقد بدأوا في بناء هذين المرصدين في عام 1994،

ويستخدمهما حوالي 950 عالمًا من مختلف الجامعات الأمريكية ومن دول أخرى.

المسئول عن تشغيلهما ومراجعة البيانات هما مركزان للأبحاث؛ الأول في معهد كاليفورنيا للتكنولوجيا (Caltech) والآخر في معهد ماساتشوستس للتكنولوجيا (MIT). وكل مرصد منهما مُبني على شكل حرف "L".

ويتألف المرصد من ذراعين أو أنبوبين، طول كل واحد منهما 4 كيلومترات، وهما عموديان أحدهما على الآخر. ويتسم الأنبوبان بأنهما تحت ظروف فراغ عالٍ جدًا "ultra-high vacuum"، بمعنى أن ضغط الهواء قد أُزيل تمامًا منهما، لدرجة أن كثافة الهواء داخلهما تعادل واحدًا على تريليون من كثافة الهواء في الغلاف الجوي. وتم تجهيز الأنبوبين بأحدث أجهزة تقليل الاهتزازات، ووظيفتها منع تأثير الاهتزاز الناتج عن أي حركة خارجية، بما في ذلك تأثير المد والجزر الذي يحدث بسبب جاذبية القمر على الأرض.

والفكرة هي إطلاق شعاع ليزر في اتجاه شيء يُدعى "مُقسم الأشعة" beam splitter، وهو مرآة تعكس نصف ضوء الليزر في اتجاه أحد الأنبوبين، وتُمرر النصف الآخر في اتجاه الأنبوب الثاني، لضمان تزامن التوقيت الذي يُطلق فيه الشعاعان في المسارين بأقصى دقة.

وهذان الأنبوبان متعامدان، وفي نهاية كل أنبوب منهما مرآة. وتنعكس أشعة الضوء على المرايا الضخمة في نهايات الأنبوبين، وتعود لتتجمع مجددًا في مُقسِّم الأشعة. وكل مرآة من هذه المرايا تزن 40 كيلوجراما، وهي مصنوعة من أنقى المواد على الأرض.

وبالطبع فإن المسافة التي يقطعها كل حزمة من الضوء في الاتجاهين متساوية تمامًا، والجهاز الذي يرصد نتيجة التجربة هو جهاز "استشعار الضوء" أو Photo detector.

حسنًا! كيف يمكنهم إذن اكتشاف موجات الجاذبية بهذه الطريقة؟

عادةً، إذا لم يكن هناك موجات جاذبية تصطدم بالأرض؛ ستذهب الحزمتان الليزريتان إلى نهاية النفقين، وستنعكس على المرايا، وتعود في الوقت نفسه تمامًا؛ لأنها صدرت -في البداية- من شعاع واحد من المصدر نفسه. وإذا عادت الحزم الليزرية إلى نقطة التقاطع في الوقت نفسه تمامًا؛ فإن موجاتها ستتداخل ويُلغي بعضها بعضًا؛ وهو مما يعني أن مستشعر الضوء لن يرصد وجود أي ضوء راجع. وهذا يعني أنه لا تغيير حدث في الوقت الذي يستغرقه كل شعاع للسفر، أي لا توجد موجات جاذبية تصطدم بالأرض في هذا الوقت. ولكن، إذا كانت موجات الجاذبية تصطدم بالأرض أثناء التجربة؛ فإن الحزمتين لن تعودا في الوقت نفسه تمامًا، بل سيكون هناك تأخير طفيف لأحد الشعاعين بجزء ضئيل من الثانية؛ وذلك لأن موجات الجاذبية تتسبب في تمدد وتقلص الأرض، وتغير شكلها؛ وهو مما

سيؤثر في طول أحد المسارين اللذين يسلكهما الضوء، في حين يقصر الطول الآخر.

عندما تعود الحزم وتتقاطع، لن يُلغي بعضها بعضًا؛ لأنها لم تعُد في الوقت نفسه. وفي هذه الحالة سيرصد "مستشعر الضوء" قِصَر طول مسار من المسارين. وهذا يشير إلىٰ اصطدام موجات الجاذبية بالأرض في هذا الوقت. والخلاصة أنه من خلال ملاحظة الفارق في الوقت الذي يستغرقه الشعاعان للعودة إلىٰ نقطة التقاطع، يمكن اكتشاف موجات الجاذبية التي تتمدد، وتضغط كل ميل من سطح الأرض بمقدار واحد علىٰ 10000 من قطر البروتون.

وقد حدث هذا فعليًا في عام 2015، حيث رصد مستشعر الضوء ضوءًا في نقطة التقاطع؛ لأن طول الأنبوبين في المرصدين في واشنطن ولويزيانا تغير بمقدار 10^{-18} مترًا. كانت نتائج المرصدين متطابقة تمامًا؛ وهو مما لا يترك مجالًا للشك في وجود خطأ في النتائج، وكانت هذه هي أولىٰ موجات الجاذبية التي تم رصدها مباشرةً.

ويقول الباحثون في معهد MIT الذين رصدوا الموجات، عندما شاهدوا إشارة تدل علىٰ اصطدام موجات جاذبية بكوكب الأرض، إنهم حولوا هذه الإشارة إلىٰ موجات صوتية، واستطاعوا سماع صوت اثنين من الثقوب السوداء وهما يدوران أحدهما حول الآخر بسرعة تقارب سرعة الضوء، ومن ثم اصطدما معا ليكوِّنا ثقبًا أسود كبيرًا.

يقول الأستاذ المساعد للفيزياء في معهد ماساتشوستس للتكنولوجيا ماثيو إيفانز: "لا يمكنني أن أنسى عندما سمعنا صوت الاصطدام في الليل. لقد عرضنا الصوت الذي رصدناه على مكبرات الصوت. تخيل أنك تجلس وتستمع إلى صوت يأتي من الفضاء على بُعد 1.3 مليار سنة ضوئية، من اثنين من أقوى وأكثر الأجسام هيمنة في الكون. إنه شيء مذهل حقًا. ''"

قد يسألني شخص ما:

– مع كل الاحترام لهذا المرصد الرائع ولموجات الجاذبية، ما الفائدة المتحققة من كل هذا؟

أجيب: يعتقد الفيزيائيون أنه من خلال رصد ودراسة موجات الجاذبية، سيتمكنون من الإجابة عن كثير من الأسئلة المحيرة التي لا تزال بلا إجابات حتى الآن؛ مثل السؤال عن خصائص الثقوب السوداء: **هل من الممكن فعلًا أن تتشكل ثقوب دودية بين نقطتين في الكون على بُعد ملايين السنين الضوئية؟ وهل يمكن أن يكون هناك ممرات بين الكون الخاص بنا وكواكب موازية؟** وسيتمكنون أيضًا من فهم كيفية تصرف المادة تحت الكثافة القصوى، وما الذي يحدث بالتفصيل عندما يحدث انفجار عظيم supernova أو ينهار نجم ضخم؟ وهل النسبية العامة هي النظرية الصحيحة للجاذبية؟ وهل ما زالت صالحة في ظل ظروف الجاذبية الشديدة؟ وكيف تتشكل وتتطور النجوم النيترونية؟ الأمر يجعل الإنسان

يقول إن الفضول البشري في العشور على إجابات لأسئلتهم وفك الألغاز الكونية -يعد دافعًا قويًا لبناء أدوات قوية بمساعدة التطور التكنولوجي لتحقيق أحلامهم.

❋ ❋ ❋

يقول إن الفضول البشري في العشور على إجابات لأسئلتهم وفك الألغاز الكونية -يعد دافعًا قويًا لبناء أدوات قوية بمساعدة التطور التكنولوجي لتحقيق أحلامهم.

الفصل الثالث

كيف ولد الكون؟

وما مراحل تطوره؟

قبل 14 مليار سنة، كان كل الفضاء والمادة والطاقة في الكون المعروف لنا موجودة في نقطة تسمى التفرد أو **singularity**. وعالم الفيزياء الفلكي الشهير نيل ديجراس تايسون يقول: حجم النقطة يساوي واحدًا على تريليون من حجم النقطة التي نضعها في نهاية السطر.

كانت الكثافة والحرارة هائلة، إلى حدّ أن جميع قوى الطبيعة الأساسية (وهي القوة النووية القوية، والقوة النووية الضعيفة، والقوة الكهرومغناطيسية، وقوة الجاذبية) كانت مُدمَجة في قوة واحدة داخل هذه النقطة، وكانت درجة حرارة هذه النقطة حوالي 10 مليارات درجة مئوية، ولم يكن هناك في وقتها أي زمن ولا فضاء.

وقبل 13 مليار و 800 مليون سنة، انفجرت هذه النقطة في جزء من تريليون من الثانية، وأدى هذا الانفجار إلى خلق المادة والطاقة والمكان والزمان، واستمر الكون في التوسع والتضخم منذ تلك اللحظة بسرعة تفوق سرعة الضوء؛ أي أنه تم خلال جزء من الثانية فقط بعد الانفجار العظيم، واتسع حجم الكون، وتضخم من حجم أصغر من الذَّرَّة إلى حجم كرة تنس.

ستدور في ذهنك مقولة أينشتاين "في نظرية النسبية الخاصة لا يمكن لأي جسم أن يتحرك بسرعة أكبر من سرعة الضوء"، ولكني سأخبرك بقول العلماء إن هذا الكلام ينطبق على الأجسام المتحركة في الفضاء، ولا ينطبق على سرعة توسع الفضاء نفسه.

في هذا الفصل سأتحدث عن النظرية التي حققت أكبر قدر من التوافق حولها في المجتمع العلمي وهي "نظرية الانفجار العظيم" (The big bang theory)، التي تشرح كيفية نشأة الكون. وسوف نلخص بشكل مبسط مراحل تطور الكون انطلاقًا من النقطة المشار إليها، وصولًا إلى الكون الذي نعرفه حاليا. وسوف أركز على الأدلة العلمية التي تدعم صحة نظرية الانفجار العظيم؛ لكي نفهم كيف عرف العلماء عمر الكون ومراحل تطوره.

وليصبح الموضوع أكثر يسرًا، سأقسم الفصل إلى قسمين. يتناول الجزء الأول كيفية تمكن العلماء من التوصل إلى نظرية الانفجار العظيم، أما الجزء الآخر فسيأخذك -في رحلة تفصيلية- إلى كل المراحل التي مر بها الكون في الثانية الأولى بعد الانفجار العظيم.

بدايةً: ما نظرية الانفجار العظيم؟

تقول هذه النظرية -ببساطة- إن الكون كان نقطة متناهية الصِّغر، وكانت كثافته ودرجة حرارته لا نهائيتان، وقبل 13 مليار و800 مليون سنة حدث انفجار لهذه النقطة، وهو ما سمي بالانفجار العظيم، أدى إلى تضخم الكون واتساعه. منذ ذلك الحين تشكلت مليارات المجرات، والنجوم، والكواكب، والأقمار، والكويكبات، والمادة المظلمة، وكل ما هو موجود في الكون.

لكن ما حدث لهذه النقطة كان قصة طويلة، حيث إن هذه النقطة التي تمثل في الأصل بداية الكون، كان الأمر مختلفًا حولها؛ لأن المجتمع العلمي في ذلك الوقت كان منقسمًا إلىٰ مجموعتين: اعتقدت إحدىٰ المجموعات أن الكون قد بدأ عند هذه النقطة، واعتقدت المجموعة الأخرىٰ أن الكون أبدي ليس لها بداية ولا نهاية؛ أي أن الوجود أزلي أبدي مطلق.

لكن أولًا أود أن أبدأ بمعلومة مهمة؛ وهي أنه حتىٰ الآن ليس لدىٰ العلماء نظرية متفق عليها حول كيفية تشكل النقطة التي تحولت إلىٰ الكون. ولكن النظرية التي نتحدث عنها تفسر ما حدث بعد أن انفجرت هذه النقطة.

دعونا نعرف كيف توصل العلماء إلىٰ نظرية الانفجار العظيم أو الكبير.

كما قلنا في الفصل الثاني، فإنه في عام 1915 نشر ألبرت أينشتاين أبحاثه حول نظرية النسبية التي غيرت مفهوم المجتمع العلمي للجاذبية، وفي ذلك الوقت كان أينشتاين علىٰ اقتناع بأن الكون ثابت، وأن حجمه لا يتغير، وأنه مطلق في الوجود، وليس له بداية ولا نهاية.

وعلىٰ الرغم من اقتناعه بفكرته؛ فإنه واجه مشكلة كبيرة جدًا أثناء صياغته معادلات نظرية النسبية العامة، وذلك لأنه من خلال فهمه الصحيح للجاذبية، من المفترض أن الكون لا يكون أبديًا دائم الوجود، ومن المفترض أن الجاذبية تجمع كل المادة الموجودة في الكون وتسحقها

وتنهيها تمامًا، أو حتىٰ تقرب المجرات من بعضها وبعض علىٰ أقل تقدير، ولكن هذا لا يحدث.

هذا شيء كان مربكًا جدًا لأينشتاين؛ فتساءل:

ما الذي يمنع الجاذبية من إنهاء الكون؟

الحل الذي فعله أينشتاين هو وضعُ "ثابت" ذي قيمة رياضية محددة في معادلة نظرية النسبية العامة، ليتساوىٰ مع تأثير الجاذبية، وقد أطلق عليه اسم "الثابت الكوني". هذا الثابت يعبر عن القوة الداخلية للكون التي تحميه من قوة الجاذبية المخالفة للكون، والتي تحاول أن تجمعه وتسحقه.

في هذا الوقت لم يكن أينشتاين يعرف مصدر تلك القوة، ولم يكن يعلم أن الثابت الكوني الذي وضعه في معادلاته يعبر عن التأثير الذي نتج عن الانفجار العظيم، والطاقة المظلمة التي تسببت في وجود قوة مضادة للجاذبية تمنعها من تجميع الكون علىٰ نفسه وتدميره.

وفي عام 1927 قام العالم الفرنسي **"جورج لوميتر"** بإنشاء نموذج رياضي مستمد من معادلات أينشتاين لنظرية النسبية العامة، وأثبت أن حجم الكون ليس ثابتا كما قال أينشتاين، ولكنه في توسع مستمر؛ فبما أن الكون يتوسع؛ فهذا يعني أن الكون – في الماضي – كان أصغر حجما، واستنتج من هذه العبارة أنه كلما عدنا إلىٰ الماضي؛ أصبح الكون أصغر فأصغر، حتىٰ نعود بالزمن إلىٰ الوقت الذي كان فيه الكون مجرد "نقطة"،

وتلك النقطة المتناهية في الصغر هي التي تضخمت وتوسعت وشكلت الكون الذي نعيش فيه الآن، مع العلم أن مصطلح الانفجار العظيم هو مصطلح مجازي فقط؛ بمعنى أن النقطة التي بدأ منها الكون لم تنفجر، ولكنها توسعت وتضخمت بسرعة تفوق سرعة الضوء.

وقد أطلق "جورج لوميتر" على هذه الذَّرَّة اسم "الذرة البدائية" Primeval atom ونشر ورقة بحثية حول أصل الكون تعتمد على هذه الفرضية. في ذلك الوقت لم تكن فرضية "أن الكون بدأ من نقطة، ومن ثم توسع" مثبته بالأدلة العلمية أو الأدلة المرصودة؛ لكنها كانت مجرد استنتاج نظري على الورق، وكان المجتمع العلمي منقسما بين نظريتين تفسران أصل الكون؛ هما: نظرية الانفجار الأعظم، ونظرية الحالة المستقرة The Steady State Theory .

بقي الأمر على هذه الحال حتى عام 1929، عندما جاء عالم الفلك **"إدوين هابل"** وحسم بالأدلة ذلك الخلاف، وأكد صحة فرضية **"جورج لوميتر"**، وقدم ذلك مصحوبا بالأدلة الرصدية، من خلال مراقبة المجرات بالتلسكوبات، والقياسات التي استمر في تسجيلها على مر السنين. وقد تأكدت قياساته التي أشارت إلى أن المجرات يبتعد بعضها عن بعض باستمرار عن الكوكب في جميع الاتجاهات؛ وهذا يعني أن الكون يتوسع ويتضخم استمرار.

والغريب أن "هابل" قد اكتشف ذلك بالصدفة، أثناء رصده المجرات البعيدة بالتلسكوب، بهدف دراسة النجوم وتكوينها، لكنه وجد أن الضوء

المنبعث من المجرات البعيدة ينحاز دائما نحو الشريط الأحمر من طيف الضوء، أي أنه يميل نحو اللون الأحمر.

حتىٰ لو دار بخَلَدك أن أينشتاين لم يفهم الأمر علىٰ النحو الصحيح، وأن لوميتر وهابل قد تفوقا عليه في ذلك؛ أقول لك إنه يكفي أن أينشتاين تنبأ في نظريته للنسبية العامة بوجود قوة داخلية للكون، يتم التعبير عنها في معادلاته بالثابت الكوني، لكن "إدوين هابل" عرف أن المجرات تبتعد عنا من خلال ظاهرة تنبأ بها أينشتاين في الأصل أثناء عمله علىٰ نظريتي النسبية الخاصـة، والنسـبية العامـة؛ وهـي الظـاهرة التـي سـميت "تـأثير دوبلـر" (Dopplereffect or Doppler shift)، نسبة إلىٰ العالم كريستيان دوبلر.

باختصار تقول هذه الظاهرة: "إن أي جسم يشع ضوءًا ويتحرك، فإن لون الضوء الخارج منه يختلف بحسب سرعته واتجاه حركته"؛ بمعنىٰ أنه إذا كان هذا الجسم يقترب منك؛ فالضوء الخارج منه يتحول إلىٰ اللون الأزرق، أما إذا ابتعد عنك الجسم فإنه يتحول إلىٰ اللون الأحمر.

صاغ هابل قانونًا –مـن خـلال قياسـاته لسرعات المجرات– سماه باسمه: **"قانون هابل"**.

(بالطبع يا سيدي، من حقك أن تفتخر بقانونك!)

وهذا القانون يقول إن الكون يتوسع ويتضخم باستمرار، ونستطيع من خلاله حساب معدل توسع الكون. كذلك فإن السرعة التي تبتعد بها

المجرات عن كوكب الأرض تتناسب طرديا مع المسافة بيننا وبين هذه المجرات.

ببساطة نقول إنه كلما ابتعدت المجرة عنا؛ زادت السرعة التي تبتعد بها عن كوكبنا، و المجرات القريبة منا تبتعد عنا بسرعة أقل بطء. وقد خلُص "هابل" إلىٰ أنه بما أن الكون يتوسع باستمرار؛ فإن حجم الكون اليوم يبقىٰ أصغر من حجمه غدًا. ومن ثم فإن حجمه بالأمس كان أصغر من حجمه اليوم؛ وهـذا مما يعني أنه في الماضي كان أصغر حجمًا، وأكثر إحكامًا.

وباستخدام معدل التوسع الكوني الحالي سنعيد شريط تمـدد الكون إلىٰ الوراء حتىٰ نصل إلىٰ النقطة التي بدأ منها الكون، لنجـد أن عمـر الكون هو 13 مليارًا و 800 مليون سنة.

وبعـد كـل هـذا، كـان بعـض العلمـاء لا يزالـون غيـر مقتنعين بنظريـة الانفجار العظيم، لكـن الجميـع اقتنعوا بها في عـام 1965، عنـدما استخدم الباحثان المتخصصان في علم الفلك "أرنو بنزيس" و "روبرت ويلسون"، تلسكوب راديوي به هوائيًا عملاقًا في مختبرات بيل في نيوجيرسي، وقد كان مخصصًا لرصد الإشارات القادمـة مـن الفضـاء، حيـث كانا يسمعان دائمًا صوتًا غريبًا في الخلفية من جميع النقاط في الفضاء، ليلًا ونهـارًا، فتم توجيه التلسكوب إلىٰ مصدر الصوت وقاما بمراجعة وفحص جميع أجزاء الهوائي العملاق، لكنهما لم يتوصلا إلىٰ أية نتائج، وكان الصوت لايزال مستمرًا.

وفي ذلك الوقت، كان هناك مجموعة من العلماء في فريق بحثي آخر في جامعة برينستون، تحت إشراف العالم "روبرت ديك"، يدرسون إشعاع الخلفية الكونية الميكرووي (Cosmic Micro Wave Background) الناجمة عن الانفجار العظيم، وتوقعوا أنه سيصدر صوتًا متواصلًا في الفضاء، ويكون على شكل موجات كهرومغناطيسية تعتبر الصوت المنبعث من ولادة الكون.

وقال "روبرت ديك" إن الجهاز الذي سيساعدنا على تأكيد هذه الفرضية هو **"هوائي بيل"** في نيوجيرسي، ولم يكن يعلم أن **"أرنو بينزيس"** و**"روبرت ويلسون"** كانا يعملان عليه في ذلك الوقت.

وفي محاولة يائسة من أرنو وروبرت للعثور عن مصدر ذلك الصوت، اتصلا بمشرف فريق جامعة برينستون "روبرت ديك"، وأخبروه عن مشكلة الصوت لديهم، وأنهم لا يعرفون كيفية التخلص من هذا الصوت.

أنهى مشرف فريق جامعة برينستون المكالمة، ونظر إلى فريقه قائلا بحزن: "إنهم سبقونا واستطاعوا اكتشاف "الخلفية الكونية الميكروية" (Cosmic Microwave Background)"؛ أي إشعاع الخلفية الكونية الميكروي الذي أحدثه الانفجار العظيم.

واتفق ديك مع أرنو وروبرت على نشر بحث مشترك في مجلة الفيزياء الفلكية. وأوضح روبرت ديك فرضيته، وأن صوت الخلفية الكونية قد لاحظه أرنو وروبرت.

وفي عام 1978 حصل **"أرنو بينزيس"** و **"روبرت ويلسون"** على جائزة نوبل في الفيزياء، بسبب هذا الاكتشاف، وتم تجاهل روبرت ديك.

بالمناسبة فإننا قد سمعنا جميعًا صوت الخلفية الكونية عدة مرات من قبل، عندما كنا في الماضي نقوم بتشغيل التلفاز بدون "جهاز استقبال"؛ إذ كنا نسمع صوتا ما يصدر عن التلفاز؛ وهذا التشويش –أو الصوت المزعج– ليس سوى جزء من الصوت الذي جاء من الانفجار العظيم.

بعد كل هذه الأدلة اتفق المجتمع العلمي على صحة فرضية الانفجار العظيم في تفسير نشأة الكون، وأصبحت نظرية مُثبتة بالأدلة العلمية.

وفي عام 2003 تم إطلاق المسبار **"ويلكنسون" إلى** الفضاء، وكانت وظيفته مراقبة أشعة الخلفية الكونية التي نتجت عن بداية نشأة الكون، ولكن بطريقة مختلفة، عن طريق توزيع حرارة الموجات الكهرومغناطيسية، التي –من خلالها– تمكنوا من قياس إشعاع الخلفية الكونية. وهذا المسبار الفضائي قدم لعلماء الفلك أفضل صورة حتى الآن لمراحل نشأة الكون. ومن خلال إشعاع الخلفية الكونية الميكروووي استطاعوا علماء الفيزياء معرفة ماضي كل شيء في الكون بالتفصيل.

وهذا ما سنتحدث عنه فورًا في الجزء الآتي من هذا الفصل.

<u>**مراحل تطور الكون في الثانية الأولى من عمره:**</u>

بعد أن تحدثنا عن الأدلة العلمية التي تثبت أن هذه النظرية ليست مجرد كلام على ورق؛ دعونا نأخذ فكرة عامة عما حدث بعد هذا الانفجار.

73

سأخبرك عما جرى في الثانية الأولى فقط من عمر الكون بعد الانفجار العظيم؟

بالطبع تظن أن هذه الثانية الأولى هي شيء سريع سينتهي بسرعة، ولكن الحقيقة هي أنه في هذه الثانية الأولى حدثت عدة أحداث.

هل يمكنك تخيل ذلك بدءا بظهور القوى الأساسية الأربع في الطبيعة، وهي التي تحكم آلية عمل الكون بأكمله، والتي سنتحدث عنها في فصل كامل مرة أخرى، وصولًا إلى تكوين المادة والجسيمات الأولية في كوننا؟

دعني أقول لك إنك ستسمع بعض الأرقام التي تعجز عقولنا البشرية عن استيعابها، وتعتبر هذه أكبر الأرقام التي يمكن أن تصل إليها أية حالة فيزيائية على الإطلاق.

في البداية، عليك أن تعرف بعض الأشياء لفهم ما سيأتي.

نحن نعلم أن أية مادة في الكون تتكون من ذرات، وأن الذَّرَّة الواحدة تتكون من نواة وإلكترونات، وتتكون النواة من جسيمات متعادلة هي النيوترونات، وجسيمات موجبة هي البروتونات. والنيوترونات، والبروتونات تتكون هي الأخرى من أشياء أصغر تُسمى الكواركات.

جميل جدا ... نحن نعرف مكونات الذَّرَّة، وهذا هو الأمر المهم!

وماذا عن المادة المضادة؟

المـادة المضـادة -ببسـاطة- هـي تـوءم المـادة العاديـة، لكـن شـحنتها معكوسة، بمعنىٰ أن الإلكترونات سالبةُ الشـحنة ويوجد كذلك جسيم مضاد له يسمىٰ البـوزيترون، وتكـون شـحتته موجبة، والبروتـون الموجب يكـون لـه بروتـون مضـاد لـه يسـمى Anti-proton أو البروتـون المضـاد، شـحتته سالبة.

قم بالقياس علىٰ هذا أي جسيم تعرفه.

ستقول: كيف حدثت كل هذه الأشياء لأول مرة في الكون؟

لقد اتفقنا علىٰ أن نظرية الانفجار العظيم تقول إن الكون بدأ من نقطة صغيرة جدًا، بدأ منها الزمـان والمكـان، وبعـد هذا الانفجار نشـأ عنصران أساسيان في نشأة الكون وتطوره **(الإشعاع، والمادة)؛** وهذان العصران هما اللذان شكلا كل ما هو موجود حاليًا في الكون.

دعونا نروي القصة، ونرىٰ فيها 3 أشياء تغيرت مباشرة بعد الانفجار العظيم. وهذه الأشياء الثلاثة هي (الزمن – درجة الحرارة – الطاقة).

أولا، دعونا نبدأ بالزمن.

أقصر زمـن يمكـن أن نتحـدث عنـه بحسـب ميكانيكـا الكـم، هـو زمـن بلانك، وقيمته 10^{43}= ثانية.

وهذا يعني أنك لو أخـذت ثانيـة وقُسـمتها إلىٰ 10^{43} جزءًا، وأخـذت منها جزءًا واحدًا؛ فهذا يساوي زمن بلانك، وهذه هي أصغر وحدة زمنية في

الكون، وأي شيء قبله يكون من المُحال معرفته. وتسمىٰ هذه الحقبة من حياة الكون بـ"حِقبة بلانك"، أو Planck epoch ، وكانت القوىٰ الأربع الأساسية في الكون -وهي قوة الجاذبية والقوة الكهرومغناطيسية، والقوة النووية الضعيفة، والقوة النووية القوية- مندمجة في قوة واحدة.

ونحن لا نعرف طبيعة كيفية عمل هذه القوىٰ. كل ما نعرفه هو أنها كانت علىٰ هيئة قوة واحدة، وكانت درجة حرارة الكون -في ذلك الوقت- كانت حوالي 10^{32} كيلفن، وهذه هي أعلىٰ درجة حرارة وصل إليها الكون علىٰ الإطلاق أعلىٰ درجة حرارة نعرفها في الكون كلها، واسمها هو "درجة حرارة بلانك".

أما الطاقة فكانت تساوي 10^{19} GeV (جيجا إلكترون فولت)، وكانت هذه طاقة الكون بأكمله.

لستُ أعلم -في الحقيقة- مدىٰ تشابه هذه الطاقة مع أي شيء في الكون، لكن يكفيني أن أخبركم أن هذه الطاقة موجودة حتىٰ الآن، وهي موزعة في الكون بأكمله، بما في ذلك النجوم والمجرات وكل شيء.

تخيل عندما تم جمع كل هذه الطاقة الهائلة في نقطة متناهية الصغر.

وبعد زمن بلانك، دخلنا حقبة التوحيد الكبير أو حقبة التوحيد العظيم " Grand Unification Epoch "، وذلك خلال الفترة من 10^{-43} إلى 10^{-}

10^{-36} ثانية من ولادة الكون، وآنذاك انفصلت قوة الجاذبية عـن القوى الثلاث الأخرى، وشكلت لنا نسيج الزمكان، أو نسيج الفضاء نفسه.

ثم دخلنا فترة الحقبة التضخمية " inflationary epoch ". وما حدث هو أن الكـون توسع بسرعة رهيبة جدًا، أسرع مـن سرعة الضـوء نفسـه في الفترة من 10^{-36} إلى 10^{-32} ثانية، وأصبح حجمه يقارب حجم البرتقالة خـلال هـذا التـوسـع، وانفصلـت القـوى النووية القوية، أمـا القـوى الكهرومغناطيسية والقوى النووية الضعيفة فبقيتا مجتمعة معًا.

بالطبع، سوف تسألني: كيف يمكن لشيء أن يتجاوز سرعة الضوء؟

الفكرة هي أن نسيج الزمكان نفسه هـو الذي يتوسع؛ أعني أنه ليس جسمًا يتحرك بسرعة أكبر من سرعة الضوء.

إن نسيج الزمكان نفسه لا تحكمه سرعة الضـوء (التي لـم تكـن قـد ظهـرت بعدُ"؛ أضف إلـى ذلك أنـه -في فـترة اتسـاع هـذا الكـون- لـم تكن قوانين الطبيعة التي نعرفها علىٰ النحو الذي نعرفه حاليا. كان كل شيء لا يزال يتشكل في البداية في حالة خاصة جدًا في عمر الكون يصعب فهمها.

نعود إلـى موضوعنا. بدأ الكـون يبرد لقد دخلنا حقبة جديدة تسمىٰ حِقبة الكهربـاء الضـعيفة " Electroweak Epoch "، وكانـت بدايـة تكوين الجسيمات، في الفترة مـن 10^{-32} إلـى 10^{-12}. في الواقع، استمرت درجة

حرارة الكون في الانخفاض؛ وهذا أتاح الفرصة لتكوين جسيمات عديمة الكتلة.

في هذه الفترة، وبسبب انفصال القوة النووية القوية عن القوة النووية الضعيفة، والقوة الكهرومغناطيسية، بدأ حدوث تفاعلات بين الجسيمات، بما في ذلك بوزونات W، وبوزونات Z، وبوزونات هيجز "Higgs". ويُشار هنا إلى أن مجال هيجز هو الذي يبطئ حركة جميع الجسيمات ويعطيها كتلة، وهذا سمح للكون (الذي كان مكونًا من مجرد إشعاع لا أكثر) بدعم الأجسام التي لها كتلة.

وفي هذه الفترة –على وجه الخصوص– كان الكون عبارة عن بلازما في كل مكان، ثم دخل الكون حِقبة الكواركات "Quark epoch"؛ من 10^{-12} إلى 10^{-6} ثانية، وبدأ بالتشكل أصغر الجسيمات التي نعرفها في الكون؛ وهي الكواركات، ومعها الإلكترونات والنيوترونات، وصارت موجودة بأعداد كبيرة، وهذا ما حدث عندما برد الكون إلى أقل من 10 كوادريليون درجة.

في هذا الوقت، كان الكواركات والكواركات المضادة تتشكل بالكمية نفسها، وكانت تتفاعل باستمرار بعضها مع بعض، وتتلاشى أيضا في الوقت نفسه. وتسمى هذه العملية "تكوين الباريونات"، وسنتحدث عنها بالتفصيل بعد قليل.

وفي نهاية هذه الحقبة بدأت القوة النووية الضعيفة والقوى الكهرومغناطيسية بالانفصال إحداهما عن الأخرى. **وأصبح لدينا القوى الأربع بالشكل الذي نعرفه الآن.** أريدك أن تركز معي في أن كل هذا الوقت (وهو ملايين الأجزاء من الثانية) يحدث معه انخفاض في درجة الحرارة، وزيادة في حجم الكون، وتكوين جسيمات أولية جديدة.

ومن ثم بدأت حقبة هادرون(Hadron Epoch).

في الفترة من 10^{-6} ثانية إلى أول ثانية كاملة في عمر الكون، حدث شيء مذهل للغاية.

بدأنا نرى أن درجة الحرارة وصلت إلى تريليون كلفن، ودخلنا فترة اتحاد الكواركات التي اكتسبت كتلة. ثم شكلت الكواركات البروتونات والنيوترونات، وجسيمات أخرى تسمى الميزونات التي تعطيك -عند اضمحلالها- إلكترونات وفوتونات بعد ذلك.

وبعد أن تشكلت الكواركات واتحدت بعضها مع بعض، بدأنا نرى انفجارات تحدث في جميع أنحاء الكون، نتيجة تفاعل المادة المضادة مع المادة العادية، وبدأ بعضها في إفناء بعض، وكانت هذه الانفجارات مصدرا لإنتاج الفوتونات أو الضوء.

دعوني أشرح لكم هذه النقطة المهمة في عمر الكون.

الآن سنفترض أن الكون يحتوي على 10 كواركات؛ فكم عدد الجسيمات المتبقية في الكون؟

ستقول: 10.

وأقـول لـك: لا. 10 كواركـات لا تحتـوي علـىٰ 20 جسـيمًا؛ لأن الكـوارك المضـاد (Anti quark) موجـود معـه أيضًا. ما حدث هو أنها بـدأت تتلاشىٰ معا، لتعطينا **الفوتونات.**

- هل هذا جميل؟

- تقول لا. هذا ليس جميلا. لأنه إذا اختفت جميعًا؛ **فكيف ستبقىٰ أي مادة في الكون علىٰ الإطلاق؟**

بالتأكيد أنـه مـع عـدم وجـود بروتونـات أو إلكترونـات في الأصـل؛ لا يكـون بالإمكـان أن يتشـكل أي شـيء، ويكـون الكـون كلـه مجـرد فوتونات ضوء فقط.

ما حدث هو أنه عندما كانت جسيمات المادة العادية "الكواركات" تتفاعل جميعها مع كل الكواركات المضادة وتتلاشىٰ؛ بدأت عمليـة تسـمىٰ " تكوين الباريوجينيسيس " أنتجت كواركات عادية أكثر من الكواركات المضادة، ولكن بقدر ضئيل؛ ففي مقابل كل مليار زوج من النوعين؛ يتكـون كوارك واحد من المادة العادية؛ وهذا يعني أن أول مليار كوارك من المادة العادية، وأول مليار كوارك من المادة المضادة تلاشت، وبقي كوارك واحد، وهو فائض من المادة العادية؛ وما يتحد مع الكوارك الثاني هـو مـا يبقىٰ من تفاعل المليار الثاني من المادة العادية والمادة المضادة، وهلُمَّ جرّا.

وباختصار فإن فائض الكواركات عن المادة العادية هو الذي شكل كل المادة في الكون.

وإذا سألتني: لماذا حدث عدم التماثل في التوزيع مع أن عدد كل جسيمات المادة في الكون يُفترض أن يساوي عدد جسيماتها من المادة المضادة؟

سأقول لك بصراحة إنني لا أعرف!

لا أحد يعرف حتى الآن!

المهم أن التفاعلات التي حدثت بين المادة العادية والمادة المضادة كان يحدث لها انفجارات تخلق الفوتونات، وتم تشكيل البروتونات، والنيوترونات، وكذلك الإلكترونات. وهذه هي التي شكلت الكون بأكمله فيما بعد.

وليكن في ذهنك أن كل الأحداث التي تحدثنا عنها حصلت في أول ثانية من عمر الكون.

وبذلك نكون قد دخلنا حقبة اللبتونات (**الإلكترونات، والنيوترونات، والبروتونات**)، وتتراوح تلك الحقبة بين ثانية واحدة وثلاث دقائق.

في ذلك الوقت كانت أغلبية الهادرونات قد تم تدميرها بسبب تفاعل الهادرونات الطبيعية مع الهادرونات المضادة. واللبتونات التي أصبحت عليها الإلكترونات هي التي كانت تسيطر على كتلة الكون بأكمله، كما أنها

بدأت تتفاعل مع البوزيترونات، وهي إلكترونات مضادة. وهذه التفاعلات أنتجت طاقة على شكل فوتونات. وحين تصطدم الفوتونات بعضها ببعض؛ كان ينتج أزواج أخرى من الإلكترونات والبوزيترونات التي تتفاعل وتنتج الفوتونات وهكذا. أما درجة الحرارة –في هذا الوقت– فقد وصلت إلى 3 مليار كلفن؛ وهي درجة حرارة عالية جدًا بالتأكيد، مما يصعب على البروتونات والنيوترونات أن تتحد لتكوّن نواة الذَّرَّة التي نعرفها. لكن تذكر أن لدينا "أيون هيدروجين" يحتوي على بروتون واحد فقط، ولكن ذرة الهيدروجين لم تتشكل حتى هذه اللحظة، وهي عبارة عن بروتون يحيط به إلكترون واحد فقط. ولكن بعد حوالي دقيقة ونصف من الانفجار وصلت درجة الحرارة إلى مليار كلفن؛ **فبدأنا ندخل حقبة جديدة؛ هي حقبة التخليق النووي** "Nucleosynthesis" التي استمرت من 3 إلى 20 دقيقة، وفيها اتحدت البروتونات والنيوترونات، وبدأت تتشكل عناصر أولية بسيطة، أولها الهيدروجين الذي يتكون من بروتون، وهذا كان له وجود بالفعل. وبدأنا أيضًا نرى "الديوتيريوم"، وهو نظير الهيدروجين؛ ويتكون من بروتون واحد ونيوترون.

وبدأ عنصر الهليوم-3 بالتشكل؛ وهو يتكون من بروتونين ونيوترون واحد. وكان هناك أيضًا عنصر الليثيوم، لكنه كان بنسبة ضئيلة إلى جانب الإلكترونات الحرة التي تتحرك وتذهب وتأتي في كل مكان.

حتى الآن نحن نتحدث عن النواة فقط، أما الإلكترونات –فلم تكن قد دخلت ضمن النواة لتُكوّن أول ذرة حقيقية لعنصر ما. أعني أن

الإلكترونات كانت عاجزة عن دخول مداراتها في الذَّرَّة، والدوران حول النواة؛ وذلك لأن درجة الحَرارة –هي مليار كلفن– تعتبر درجة كبيرة لا تسمح للإلكترونات بالاستقرار والدوران حول النواة.

معنى هذا أنك لوكنت موجودًا وقتها في أول 20 دقيقة في الكون؛ فلن ترى أي شيء على الإطلاق. سوف تجد الفوتونات تتحرك في كل مكان في الكون، ولكن لن ترى شيئا؛ لأنه لا يوجد –على الإطلاق– شيء تسقط عليه هذه الفوتونات، فتتمكن عيناك من رؤيته.

في هذا الوقت، كان الكون بأكمله يتكون من نواة **"الهيدروجين والديوتريوم"** بنسبة 75٪، ونواة الهيليوم بنسبة 25٪.

ضع في حُسبانك أيضًا أن الفوتونات والجسيمات الأخرى التي تشمل الإلكترون كانت في حالة استقرار بعضها مع بعض؛ أي كان بينها نوع من التوازن.

سيقول لي أحدهم: حسنًا، متى ستدخل الإلكترونات في مداراتها، ونرى الذرة؟

انظر يا سيدي! بدأت الإلكترونات تكتسب الاستقرار، وتجتذبها النواة بعد انخفاض درجة حرارة الكون من مليار كلفن إلى 3000 كلفن، وهذا حدث بعد 380 ألف سنة من الانفجار العظيم.

أخيرا أصبح لدينا الذَّرَّة. وظلت الفوتونات حرة تسافر عبر الكون في كل مكان.

إذا كنت تريد رؤيتها، فهي موجودة الآن ويمكنك رؤيتها؛ لأنها هي التي كوّنت لنا صورة الخلفية الكونية الميكروية أو إشعاع الخلفية الكونية (" Cosmic microwave background "، ومن خلالها تمكن العلماء من معرفة بداية الكون بالتفصيل.

حسنًا! حتى الآن الكون يحتوي على الهيدروجين والهيليوم. ماذا حدث بعد ذلك؟

ما حدث هو أننا بدأنا بالدخول إلى الحقبة الأخيرة للكون، والذي بدأت بعد حوالي 300 إلى 500 مليون سنة من ولادة الكون، وتستمر معنا حتى الآن.

إنه عصر تشكل النجوم والمجرات.

بدأت ذرات الهيدروجين تتجمع في مناطق في الكون، حتى كوّنت سحابة من الهيدروجين، وجذبت هذه السحابة ذرات الهيدروجين الأخرى، بفعل الجاذبية، وبدأت تتكثف أكثر فأكثر، فيضغط بعضها على بعض، والغلاف الجوي عند المركز، وازدادت كثافتها ودرجة حرارتها بسبب احتكاك الذرات.

وبدأ يحدث الاندماج النووي من خلال اندماج نُوى (نويّات) ذرات الهيدروجين بعضها مع بعض، وتولد النجوم، ومعها الكواكب، والمجرات، وكل ما نعرفه في الكون.

الفصل الرابع

القوى الأساسية الأربع في الطبيعة

في الفصل السابق، حين كنا نتحدث عن مراحل تطور الكون، تحدثنا عن القوى الأربع الأساسية في الطبيعة سريعا، وفي هذا الفصل، سوف نتحدث عن كل قوة بالتفصيل، ونفهم كيف يتم التحكم دائمًا في الكون العظيم بأكمله، من خلال أربع قوى أساسية فقط.

الكون بأكمله تحكمه أربع قوى أساسية. وكل حركة أو ظاهرة أو عملية يمكنك تخيلها تحدث في الكون سوف تكون تحت سيطرة تلك القوة الجبارة.

نتساءل:

- **ما طبيعتها؟ وكيف تعمل هذه القوة؟**
- **ما مصدرها؟ وكيف تكونت في بداية الكون؟**
- **ماذا يحدث لو لم تكن كل تلك القوى موجودة؟**

لماذا عجز جميع الفيزيائيين، لأكثر من نصف قرن، عن التوصل إلى إطار رياضي موحد قادر على تفسير القوى الأربعة، عن طريق الجمع بين نظرية النسبية لأينشتاين (التي تفسر قوة الجاذبية)، وميكانيكا الكم (التي تفسر القوى الثلاث الأخرى)؟

ترتيب القوى الأربع الأساسية في الطبيعة من الأضعف إلى الأقوى: "قوة الجاذبية، القوة النووية الضعيفة، القوة الكهرومغناطيسية، القوة النووية القوية". وكل شيء في الكون يخضع إلى القوى الأربع الأساسية؛ وهذا يعني أن هذه القوى هي التي تحدد آلية عمل الكون بأكمله، وأي تغير بسيط في إحدى هذه القوى الأربع كان طبيعيا أن ينتج عنه عالم مختلف تمامًا عن العالم الذي نعرفه.

فلنتحدث عن كل قوة على حدة، لفهم الموضوع ببساطة.

إن قوة الجاذبية تتحكم في حركة أي شيء له كتلة، بدءًا من أننا نسير على الأرض ولا نطير في الهواء، مرورًا بأن الكواكب تدور في مداراتها حول الشمس، دون أن تبتعد عنها وتتجمد في الفضاء، ودوران القمر حول الأرض، وتأثير جاذبية القمر والشمس على البحار والمحيطات على الأرض، مما يسبب المد والجزر.

وعلى الرغم من أن قوة الجاذبية يبدو أنها القوة الأكثر بديهية وألفة لنا؛ فإنها تظل القوة الأكثر إثارة للحيرة بالنسبة للفيزيائيين، في محاولتهم إيجاد تفسير لها على المستوى الكمي متناهي الصغر.

ما نقوله هو أن مفهوم الجاذبية النيوتونية الكلاسيكية تغيرت في عام 1915 عندما نشر ألبرت أينشتاين أبحاثه حول نظرية النسبية العامة (general relativity theory)؛ وهو ما غيّر مفهومنا عن الجاذبية كليًا، واستطاع أن يشرح ما هي القوة الخفية التي تجعل الأجسام يتجاذب بعضها مع بعض، إذ قال إن الجاذبية تنتج بسبب الانحناء الذي تسببه الأجسام التي لها كتلة في نسيج الزمكان (space time Fabrice).

وعلى الرغم من أنني تحدثت عن قوة الجاذبية في الفصل الخاص بنظرية النسبية العامة؛ دعني هنا أشرح لك كيف تعمل بطريقة أكثر وضوحًا.

لقد أثبت أينشتاين يا سيدي أن الفضاء كله يتكون من نسيج غير مرئي مكون من ثلاثة أبعاد؛ هي: "الطول، والعرض، والارتفاع"، بالإضافة إلى البعد الرابع وهو "الزمن". كذلك أثبت أن الانحناء الناتج عن كتلة الأجسام في هذا النسيج يؤثر في الزمن نفسه. وهذا يعني أن الزمن يتباطأ، أو يتمدد كلما انحنى نسيج الزمكان. ولهذا السبب يمر الوقت على نحو أبطأ على الكواكب التي كتلتها أكبر من كتلة الأرض، في حين أنه لا يمر على الأرض ببطء أكبر.

ستقول: إنني أيضًا لا أفهم ما علاقة هذا الانحناء بحقيقة أن أجسادنا تنجذب إلى الأرض.

وهذا يعني أن النسيج ينحني بسبب كتلة الأرض، فكيف يجعلنا هذا الانحناء منجذبين إليها؟

أقول لك يا سيدي.

أولا، نسيج الزمكان ليس ثنائي الأبعاد، كما تتصور، ولكن نسيج الزمكان ثلاثي الأبعاد؛ أي أنه يحيط بالأجسام من جميع الجهات.

إن الانحناء تصنعه الأرض من جميع الجهات في الفضاء المحيط بها، في اتجاه الأرض، وكأنها تجذب النسيج الذي حولها، وهذا الانحناء هو ما يجعل نسيج الزمكان نفسه يضغط علينا ويثبتنا على الأرض.

تخيل نفسك "مسمارًا"، ووقعت في مكان مكون بالكامل من برادة الحديد؛ ماذا سيحدث؟

ستلتصق بك جميع برادة الحديد من كل جانب، وستشعر بثقل عليك من كل جانب. إذن برادة الحديد هذه تعمل مثل عمل نسيج الزمكان، وهذا الثقل يعمل مثل عمل تأثير الجاذبية.

خلاصة القول: تنتج الجاذبية من ضغط نسيج الزمكان على أي جسم في الكون من جميع الجهات. وربما تقول لي: إنني لست مقتنعًا على الإطلاق بوجود الأنسجة غير المرئية التي تسبب الجاذبية.

دعني أخبرك أنه من غير الممكن أن نأخذ إدراكنا المحدود مقياسًا لطريقة عمل الكون؛ لأنه أكثر تعقيدًا بكثير من فهمنا. وهذا لا يعني أنه بما أنك لا تستطيع أن تقتنع بوجوده، فهو غير موجود.

دعني أعطيك مثالًا يوضح لك كيف يمكن أن يكون فهمنا محدودًا، ولكن أريدك أن تطلق العنان لخيالك، وتفكر معي قليلًا. تخيل أنك سمكة وأنك تعيش في الماء طوال حياتك، وأنك منذ أن فتحت عينيك على الدنيا حتى تموت وأنت في الماء، ثم تأتي إليك سمكة أخرى، وتكلمك وتقنعك أن هذا العالم الذي أنت فيه عبارة عن وسط شفاف يسمى الماء، ولهذا السبب تبذل جهدًا مضاعفًا أثناء تحركك، وبدونه لن تكون قادرًا على الحركة بحرية كبيرة. والسؤال الآن: **هل هذه السمكة قادرة على فهم وتخيل ذلك في ذلك الوقت؟** وهل تعتقد أنها ستتمكن من معرفة شكل هذه المياه إلا إذا ذهبت للخارج ورأت الماء من الخارج، أي أنها تركت البيئة التي عاشت فيها طوال حياتها، إلى بيئة مختلفة، وانتقلت فيها ولاحظت الفرق، لتتمكن بعد ذلك من المقارنة وملاحظة الفرق بينهما؟

هذا هو بالضبط الوضع نفسه الذي لدينا. يتكون الكون بأكمله من وسط، وهو نسيج "الزمكان"، ولن نتمكن من إدراك وجوده إلا إذا خرجنا في مكان لا يوجد فيه، ونظرنا إلى تأثيره، ثم نقارن هل هو موجود أم لا؟ وحينها سندرك أنه موجود. لكن المشكلة هي أن نطاق الجاذبية لا نهائي في الكون؛ أي أنه لا يوجد مكان يمكنك الذهاب إليه يخلو من الجاذبية.

إذا كنت لا تزال غير قادر على الاقتناع؛ ابْقَ مع السمكة التي تحدثنا عنها!

ومع أن الجاذبية هي ما يربط الكواكب والنجوم والأنظمة الشمسية، وحتى المجرات بعضها ببعض؛ فإنها الأضعف بين القوى الأساسية الأربع، وخاصة على المستوى الذري، ولا يزال الجسيم الذي يحمل قوة الجاذبية مجهولا، ويجري البحث عنه من قِبل الباحثين والعلماء، وأطلقوا عليه اسم "الجرافيتون". إنه الجسيم الذي يشكل نسيج الزمكان (space time fabric)، ومن خلاله تنتقل موجات الجاذبية "gravitational waves" التي تحدثت عنها من قبل. وهو ينتج عن اصطدام "نجمين نيوترونيين"، أو الثقوب السوداء، فتنتج موجات تنتشر عبر الفضاء في كامل نسيج الزمكان مثل "أمواج البحر " عبر جسيم "الجرافيتون" الذي لم يتم اكتشافه بعد.

ولو تمكن العلماء من الوصول إلى هذا الجسيم؛ فإنهم سيتمكنون من الوصول إلى الجاذبية الكمية "quantum gravity"؛ أي أنهم سيتمكنون من دراسة التفاعلات التي تحدث بين هذه الجسيمات بحيث تجعل هذا النسيج ينحني عند ملامسته لأي جسم ذي كتلة.

ننتقل إلى القوة الثانية؛ وهي "القوة النووية الضعيفة". وهذه تفوق قوة الجاذبية، وتفاعلها يسمى "التفاعل النووي الضعيف".

وهذه القوة تتحكم فقط في مستوى الجسيمات دون الذرية "sub atomic particles"؛ وهي المسئولة عن تحلل الجسيمات. وهذا التحلل **"هو التحول الذي يحدث لنوع من الجسيمات دون الذرية إلى نوع آخر"،** وهذا ما يحدث عندما يتحول النيوترون إلى بروتون، والنيوترون نفسه يتحول إلى إلكترون.

هذا التفاعل يحدث عندما تكون الجسيمات دون الذرية مثل البروتونات والنيوترونات والإلكترونات، والتي تكوِّن عناصر الذرة، متقاربة على مسافة تعادل جزءًا من عشرة آلاف جزء من قُطر البروتون.

في ذلك الوقت، يحدث تبادل للبوزونات الحاملة للطاقة. ونتيجة لتبادل البوزونات؛ يحدث تحلل أو اضمحلال للجسيمات دون الذرية، وتتحول إلى جسيمات جديدة. والمسئول عن عملية التبادل هذه "القوة

النووية الضعيفة"، والبوزونات المسئولة عن حمل القوة النووية الضعيفة هي البوزونات z , w، علمًا بأن هذه القوة أقوى بكثير من قوة الجاذبية.

ستقول لي: حسنًا! ماذا تعني هذه القوة النووية الضعيفة في الحياة؟ ماذا يمكن أن يحدث لو اختلفت بوزونات (w , z) المسئولة عن حمل هذه القوة؟

أقول لك أنه من دون وجود القوة النووية الضعيفة؛ لم يكن بالإمكان حدوث تفاعلات اندماج نووي في النجوم؛ بما فيها الشمس بالطبع. ومن دون حرارة النجوم، كان من المستحيل وجود أي شكل من أشكال الحياة في الكون بأكمله.

وبالمناسبة فإن علماء الآثار يستخدمون التحلل الإشعاعي للكربون 14، وهو ما يسمى بالتاريخ الكربوني (carbon dating)، ويحدث ذلك بسبب القوة النووية الضعيفة، حتى يتمكنوا من تحديد أعمار الآثار والحفريات.

ننتقل الآن إلى القوة الثالثة وهي "القوة الكهرومغناطيسية".

نطاقها في الكون لانهائي مثل قوة الجاذبية؛ ولكنها أقوى بكثير من قوة الجاذبية والقوة النووية الضعيفة، ولكنها أضعف من القوة النووية القوية، وتنتقل هذه القوة بين الجسيمات المشحونة من خلال تبادل البوزونات التي تحملها وهي الفوتونات.

كما هو واضح من اسم هذه القوة، فهي تتكون من جزءين: "القوة الكهربائية والقوة المغناطيسية". ولولا هذه القوة؛ لظل الكون في ظلام دامس؛ لأن هذه القوة هي التي تنتج الضوء، وهي المسئولة عن التفاعلات الكيميائية والكهرباء وأي مجال مغناطيسي، ولو لم تكن هذه القوى موجودة؛ لم يكن هناك وجود لأي أجهزة إلكترونية أو تقنية على الإطلاق. هذا من ناحية، ومن ناحية أخرى فإن هذه القوة هي المسئولة عن حدوث الاحتكاك (friction).

بخلاف ذلك لم يكن هناك أي مقاومة تحدث بين أي جسمين متصلين بعضهما ببعض؛ لأن القوة الكهرومغناطيسية تنتج عن تجاذب كهرومغناطيسي بين الجزيئات المشحونة الموجودة بين سطحين متلامسين، وهذا ما يُحدث الاحتكاك أو المقاومة بينهما.

ستقول: إنني أرى أن المقاومة غير ضرورية في حياتنا، على الأقل لو أنها لم تكن موجودة لما كان لدينا" تسلخات" في الصيف!

دعني أخبرك بأهمية هذا الاحتكاك بعيدًا عن ذلك. أنت تعلم أنه بدون الاحتكاك لم نكن بقادرين على وضع أي شيء أعلى من مستوى الأرض، وإلا قامت الجاذبية بسحبه، وإسقاطه على الأرض.

هل تفهم ماذا يعني هذا؟

هذا يعني أنك لن تعرف كيف تشرب كوبًا من الشاي أثناء قراءة هذا الكتاب، ولن تتمكن من الجلوس على كرسي؛ لأنك في تلك الحالة كنت ستنزلق وتسقط في الأرض، ولم يكن بإمكانك أن تعرف كيف تضع وعاء العدس على النار الذي يبقيك دافئا في برد الشتاء.

الحياة إذن ستكون عذابًا.

في البداية، اعتقد الفيزيائيون أن القوتين الكهربائية والمغناطيسية منفصلتان بعضهما عن بعض، لكنهم -بعد ذلك- أدركوا أن القوتين هما وجهان لعملة واحدة.

لننتقل إلى القوة الرابعة: "القوة النووية القوية". والواضح من اسمها أنها أقوى قوة موجودة في الكون كله.

على الرغم من قوتها؛ فإن نطاقها محدود في الكون مثل القوة النووية الضعيفة؛ لأنها تعمل على مستوى الجسيمات دون الذرية أيضًا، وقوتها 6 آلاف تريليون تريليون مرة أكبر من قوة الجاذبية، ولها القدرة على ربط الجسيمات الأساسية معًا لتكوين جسيمات أكبر؛ بمعنى أنها تقوم بربط الكواركات بعضها ببعض، وذلك ما يشكل البروتونات و النيوترونات، وتحافظ كذلك على بقاء البروتونات والنيوترونات في مركز الذرة؛ أي تربط نواة الذرة. وبدون هذه القوة لم يكن للجسيمات أن تتجمع وتشكل ذرات، ومن ثم يستحيل أن تتشكل أي مادة في الكون؛ لأن المواد -بما في ذلك جسمك- مكونة من ذرات، وهذه هي القوة التي تسمح للذرات بالتشكل. وهذا يعني أنه بدون القوة النووية القوية؛ ما كان لنا أي وجود. والمسئول عن حمل هذه القوة هو "بوزون الجلوان"، وهذا الجسيم هو الذي ينقل القوة النووية القوية بين الكواركات لربطها بعضها ببعض.

وعلى الرغم من كل المعلومات الجميلة التي حققها العلماء؛ فإنهم لم يتمكنوا بعدُ من التوصل إلى إطار رياضي موحد يجمع بين هذه القوى الأربع؛ وذلك لأن قوة الجاذبية مبنية على معادلات أينشتاين في نظرية النسبية العامة؛ وهو ما يفسر ـبدقةـ تأثير الجاذبية على جميع الأجسام الضخمة الموجودة في الكون؛ لكن القوى الثلاث الأخرى هي القوة الكهرومغناطيسية، والقوة النووية الضعيفة، و والقوة النووية القوية، تعتمد على معادلات نظرية الكم (quantum theory)؛ وهو ما يفسر طبيعة عمل جميع الأجسام الصغيرة جدًا مثل الذرات والجسيمات دون الذرية. والنموذج الرياضي الأكثر نجاحا للقوى الثلاثة في فيزياء الكم (quantum physics) هو النموذج القياسي لفيزياء الجسيمات "standard model of particle physics".

هذا النموذج يحتوي على كل المعادلات الكمومية (Quantum equations) التي جمعها الفيزيائيون على مدار عقود لوصف جسيمات المادة والقوى الثلاث. وهذا يعني أن أي شخص يريد أن يقوم بحسابات الجاذبية؛ عليه أن يذهب إلى معادلات النسبية العامة، ومن أراد أن يقوم بأي حسابات لأي من القوى الثلاث الأخرى؛ عليه أن يذهب إلى النموذج القياسي لفيزياء الكم.

وعلى الرغم صحة النظريتين وقوتهما؛ فإنهما لا تجتمعان أبدًا، ولا يعرف العلماء كيفية التوفيق بينهما. وبالطبع فإن هذا الأمر قد أصاب العلماء بنوع من الهوس، فمنذ عقود وهم يحاولون التوصل إلى نموذج رياضي موحد يجمع بين هذه القوى الأربع.

ستقول لي: أين المشكلة؟

المشكلة يا سيدي هي أن أينشتاين تعامل مع الجاذبية في معادلاته على أنها تغيّر في نسيج الزمكان، ولكن حتى يتمكنوا من دمج الجاذبية في النموذج القياسي أو نموذج فيزياء الكَمّ الذي يحتوي على القوى الثلاث الأخرى، يجب أن تتحول الجاذبية إلى شيء كمي حتى يتمكنوا من التعامل معها في عالم الكم، ويتم دمجها في النموذج القياسي لفيزياء الجسيمات. حينئذ سنتمكن من فهم نسيج الزمكان على المستوى الكمي، ومما يتكون بالضبط.

ما قلته لكم هو أنهم لم يكتشفوا بعد أي شيء عن "الجرافيتون"؛ وهو الجسيم الذي يتكون منه نسيج الزمكان، والذي تتشكل منه الانحناءات التي تحدث فيه، وينتج عنها تأثير الجاذبية.

المشكلة هي أنهم عندما يحاولون إضافة "الجرافيتون الافتراضي" إلى معادلات النموذج القياسي؛ فإنهم دائمًا يجدون الحل هو اللانهاية "infinity".

وهذا يعني أننا لم نتمكن بعد من وصف الجاذبية على المستوى الكمي، ولا يزال البحث عن الجاذبية الكمومية مستمرًا.

حسنًا، هيا، دعني أخبرك كيف تكونت القوى الأربع.

يعتقد العلماء أن القوى الأربع انفصلت عن قوة واحدة كانت تجمع بينها، وهي القوة التي خرجت منها قبل 13 مليار و800 مليون سنة مباشرة بعد الانفجار العظيم.

يعرف العلماء ما سأخبركم به الآن بالأرقام الغريبة التي ستسمعونها من خلال محاكاة لحظة الانفجار العظيم آلاف المرات، وهي لحظة ميلاد الكون.

تم ذلك باستخدام مسرِّع الجسيمات CERN ومصادم الهادرونات الموجود في جنيف بسويسرا؛ وهو أكبر جهاز تم بناؤه على الإطلاق لإجراء اختبارات فيزياء الكم.

ومن خلال محاكاة بداية الكون، تمكن العلماء من معرفة الآتي:

في زمن بلانك "وهو ما يساوي 10^{-43} ثانية" ويعرف بما يسمى "عصر بلانك" أو (Plank epoch)، اتحدت القوى الأربع في صورة قوة واحدة أصغر من حجم البروتون، ومن ثم انفصلت الجاذبية، وكانت هذه أول قوة تنفصل من بين القوى الأربع. وبالطبع كانت درجة الحرارة -في ذلك الوقت- هائلة؛ إذ كانت تعادل 10 وبجانبها 31 صفر درجة مئوية، و**"الطاقة تساوي 10 وجانبها 19 صفر جيجا إلكترون فولت".**

بدأ عصر الحقبة الموحدة الكبرى "grand unified epoch" مباشرة بعد ذلك، بعد زمن بلانك، حتى 10^{-35} ثانية. وفي ذلك الوقت، كانت القوى الثلاث الأخرى (وهي القوة النووية الضعيفة، والقوة الكهرومغناطيسية، والقوة النووية القوية) -ما زالت متحدة في شكل قوة واحدة؛ ولكن في الزمن من 10^{-34} ثانية، حتى 10^{-32} ثانية حدث ما يسمى التضخم الكوني (cosmic inflation).

ومن ثم بدأ حجم الكون يتوسع ويتضخم بسرعة أكبر من سرعة الضوء. وهذا يعني أن حجمه إزداد من حجم البروتون إلى حجم برتقالة كاملة، وهذا يعادل حجم كرة التنس، مقارنة بحجم المجموعة الشمسية بأكملها.

وهذا هو الوقت الذي انفصلت فيه القوة النووية القوية عن القوتين الأخريين، وانخفضت درجة الحرارة إلى 10 بجانبها 26 صفر درجة مئوية، وعند الزمن10^{-12} ثانية، بدأ ما يسمى بعصر الكواركات أو (quark epoch). وانخفضت درجة حرارة الكون إلي 10 وبجانبها 15 درجة مئوية.

وهذا هو العصر الذي انفصلت فيه القوتان الأخيرتان بعضهما عن بعض؛ وهما القوة الكهرومغناطيسية، والقوة النووية الضعيفة. وكانت هذه قصة ولادة القوى الأساسية الأربع للطبيعة.

❋ ❋ ❋

الفصل الخامس

الطاقة السلبية والمادة المضادة

لنتحدث عن الركن الثاني للفيزياء الحديثة، وهو ميكانيكا أو فيزياء الكم.

لنعرف سويًّا: لماذا عارض أينشتاين تفسيرات ميكانيكا الكم في شرحها طريقة عمل الكون والواقع من حولنا؟

دعونا نبدأ بالحديث عن فكرة ذكرتها سريعا في الفصل الثاني، عندما كنت أتحدث عن الثقوب الدودية؛ حيث قال أينشتاين إنه لكي نتمكن من السفر عبر هذه الثقوب الدودية الافتراضية بدون أن تنغلق علينا؛ يجب علينا استخدام نوع من الطاقة السلبية لمواجهة تأثير قوة الجاذبية التي تغلق هذه الثقوب الدودية بمجرد فتحها.

هل أنتم على استعداد؟

لنبدأ!

عندما قال ألبرت أينشتاين مقولته الشهيرة: "إن الله لا يلعب النرد"، كان يعبر عن عدم رضاه عن مبدأ عدم اليقين، (uncertainty principle) للفيزيائي الألماني هايزنبرج؛ وهذا واحد من أهم وأشهر المبادئ والأفكار في ميكانيكا الكم؛ وهو يقول إن هناك حدًّا لمدى معرفتنا بسلوك الجسيمات الكمومية، و إن أقصى ما يمكننا فعله هو أننا نحدد احتمالات **مكان وجود الجسيمات،** فإنه يستحيل علينا -بأي شكل من الأشكال- معرفة موقعه أو سلوكه بالضبط.

وعلىٰ كل حال، فمن المستحيل بالنسبة لنا أن نعرف معلومتين عن الجسيم نفسه في الوقت نفسه. وهذا يعني أننا نستطيع تحديد سرعته أو موقعه، ولكن لا يمكننا تحديد موقعه وسرعته "معًا"، في الوقت نفسه.

عندما نشر الفيزيائي الألماني "هايزنبرج" أبحاثه حول مبدأ عدم اليقين في عام 1927؛ أثار جدلًا كبيرًا في الأوساط العلمية؛ لأن هذا المبدأ يتعارض بشكل مباشر مع الفيزياء الكلاسيكية.

بالنسبة لنيوتن، يتبع الكون قوانين واضحة، وهي التي تحدد كيف تتحرك، ومن السهل جدًا علينا حساب موقع أي شيء في الكون والتنبؤ بسلوكه، إذا كان لدينا معلومات كافية عنه، لكن هايزنبرج توصل إلىٰ مبدأ عدم اليقين، مشيرا إلىٰ أن ذلك القول –علىٰ المستوىٰ الكمي أو المستوىٰ الذري – غير صحيح.

ورأي أينشتاين أنه من خلال المعادلات الرياضية، والنظريات العلمية الصحيحة يمكننا التنبؤ بسلوك وحركة أي جسم في الكون، ما دمنا نمتلك المعلومات الكافية عنه؛ وهذا ما جعله يقول: **"إن الله لا يلعب النرد"**؛ أي أن الحياة منظمة تحكمها قوانين فيزيائية، وليست "عشوائية" كما تقول ميكانيكا الكم. ويعني مبدأ عدم اليقين هذا أنه لا يمكن التنبؤ بأي شيء علىٰ وجه التحديد في الكون.

والحقيقة أنه علىٰ الرغم من عدم اقتناع أينشتاين بمبدأ "عدم اليقين" أو "مبدأ الشك"؛ فإن هذا المبدأ يعتبر أحد أسس نظرية الكم التي تعد من

أقوىٰ النظريات الفيزيائية التي ثبتت صحتها علىٰ مـر العقـود، وتعتبـر من ركائز الفيزياء الحديثة، جنبا إلىٰ جنب مع نظرية النسبية لأينشتاين.

إنها نظرية يمكن أن تصيب أي إنسان عاقل بالجنون، حتىٰ أكثر الناس ذكاءً علىٰ وجه الأرض، بمن فيهم أينشتاين نفسه، الذي لم يتمكن مـن فهـم عشوائية سلوك الجسيمات علىٰ المستوىٰ الكمي.

من بين العديد من المفاهيم المربكة الناتجة عـن نظريـة الكـم مفهـوم الطاقة السلبية (Negative energy). ولانقصد بها هنـا نلك الطاقة السلبية التي تجعل الإنسان مكتئبا أو حزينا؛ ولكننا نتحدث عن "الطاقة السلبية" في الفيزياء.

يجب أن تعلـم أن هنـاك الكثير مـن المفـاهيم والنظريـات في ميكانيكا الكـم التي قيل باستحالتها؛ ثم أثبتت صحتها بالتجارب والأدلة العلمية.

في هذا الفصل أحدثكم عـن واحـدة مـن عجائـب اكتشافات ميكانيكا الكـم: **"الطاقة السلبية"**. كذلك أحدثكم عن الاختراعات التي يحلم العلماء بتحقيقها باستخدام الطاقة السلبية التي ستمكننا من السفر في الفضاء بسرعة أكبر من سرعة الضوء، دون مخالفة قوانين الفيزياء التي تمنعنا مـن تجاوز حاجز سرعة الضوء.

أولا، دعونا نتفق علىٰ أنه في عـالم ميكانيكـا الكـم -أو عـالم الأجسـام الصغيرة جدا، والذي يصف الجسيمات دون الذرية، والتي يتكون منها كـل

شيء في الكـون، بمـا في ذلـك أجسـامنا- يجـب علينا أن نضـع كـل التفكيـر المنطقي جانبًا؛ حتىٰ تتمكن من قبول النظريات التي أثبتتها الأدلـة العلميـة، والتي تفسر سر الكون، حتىٰ لو لم نتمكن من فهم صحته، لأنه كما قلت من قبل: "الكـون أكثر تعقيـدا بكثير من فهمنـا المحدود"؛ ومـن ثمَّ فإننا غير قادرين علىٰ إدراكه. ببساطة: وعينـا المحـدود لا يصـلح لأن يكـون مقياسًا لكيفية عمل الكون.

هيا بنا ندخل إلىٰ الموضوع.

بدأت قصة الطاقة السلبية عام 1928، عندما كـان الفيزيائي البريطاني **"بول ديراك"** يعمل علىٰ صياغة معـادلات تصـف حركة الإلكترونات. في الواقع، كان قادرًا علىٰ صياغة معادلة رياضية ناجحة جدًا تتنبأ بعزم دوران الإلكترون وعزمه المغناطيسي. لكنه بعد ذلك تمكن أيضًا من التوصـل إلىٰ فرضيـة غريبـة جـدًا تقـول: إن الإلكـترون يمكـن أن يمتلـك طاقـة حركيـة إيجابية، وطاقة حركية سلبية أيضًا.

أنا هنا لا أتحدث عن شحنة الإلكترون. أنا أتحدث عن حركته، وأنه قد يكون هناك بحر كامل في الكون مكون من عدد لا نهائي من هذه الطاقة الحركية السلبية.

وبالمناسبة، فإن "بول ديراك" اكتشف -في ذلك الوقت أيضًا- وجـود المـادة المضـادة "anti-mater"، والتي تـم التأكـد مـن وجودهـا بالأدلـة التجريبية بعد ذلك، وسوف نتحدث عنها بالتفصيل بعد قليل.

كان ديراك أول من تنبأ بوجود ما يسمىٰ "الطاقة السلبية" في الفيزياء، وبـدأ الفيزيائيون منـذ ذلك الوقـت في البحـث عـن هـذا النـوع الغريب مـن الطاقة. ومن ثم تساءلوا:

هل هي موجودة حقا؟ وإذا كانت موجودة؛ فكيف تبدو؟ ولماذا لا نشعر بها؟

أوضح ديراك النتائج التي حصل عليها من المعادلات الرياضية، وقال إنـه -في الطبيعـة- تـتم موازنـة الحـالات الكمومية للطاقة الإيجابيـة مـع الحالات الكمومية للطاقة السلبية، بحيث تكون المحصلة صفرًا.

هل تشعر بالحيرة!

انظر يا سيدي! بكل بساطة، قال ديراك إن كوننا يحتوي علىٰ نوعين من الطاقة: "الطاقة الإيجابية" أو "الطاقة العادية" و"الطاقة السلبية". ولأن الطاقتين تأثيرهما صفر؛ فلا يمكننا أن نشعر بوجود الطاقة السلبية في حياتنا اليومية. ولكي نتمكن من الشعور بها؛ يجب علينا أن نخلق فراغًا مثاليًا، أو (perfect vacuum) يخلو تماما من أية تأثيرات للطاقة الإيجابية التي يعد وجودها أمرًا طبيعيًا منتشرًا في كل مكان في الكون. وعند ذلك فقط سنتمكن من التأكد من وجود طاقة سلبية فيه أم لا. والوسط الخفي المكون مـن هـذه الطاقة السلبية يسمىٰ (Derak sea) أو بحر ديراك، ولكن لكـي يتم إثبات وجود تلك الطاقة بتجربة علمية لم يكن الأمر بتلك السهولة؛ لأنه لـم يكن يتوافر -في القرن الماضي- التقنيات اللازمة لخلق فراغ مثالي للكشف عـن

الطاقة السلبية بداخله، والتحقق من صحة فرضية ديراك. ولعل هذا ما جعل عددًا لا بأس به من علماء الفيزياء يشككون في إمكانية وجود هذا النوع من الطاقة على الإطلاق.

ولكن في عام 1948 جاء الفيزيائي الهولندي (هندريك كازيمير)، وأجرى تجربة أكد فيها وجود الطاقة السلبية. تُعرف هذه التجربة باسم تأثير كازيمير "Casemier effect"، وهي تجربة يمكن -من خلالها- مراقبة التأثيرات الناتجة عن الطاقة السلبية. ورأى "كازيمير" أنه إذا تمكن من تعطيل القوى الأساسية للطبيعة (أي تأثير الجاذبية والكهرومغناطيسية) في مكان مغلق؛ فإنه سيكون قادرًا على خلق فراغ شبه مثالي، وعندها لن يتبقى سوى الطاقة السلبية التي سنحصل عليها، ونكون قادرين على ملاحظتها.

التجربة كانت على النحو الآتي: كازيمير أحضر لوحين معدنيين رفيعين بوزن صغير جدًا (للتخلص من تأثير الجاذبية عليهما)، ووضعهما في فراغ مثالي، وكان اللوحان متوازيين، وكان هناك مسافة صغيرة جدًا بينهما، قدرها 1 ملليمتر. بعد ذلك، قام بتوصيل اللوحين المعدنيين بسلكين إلى الأرض للتخلص من أية شحنة عليهما، وهذا يعني إلغاء تأثير الكهرباء والمغناطيسية، ومن ثَمَّ يبقى اللوحان المعدنيان في فراغ مثالي، أي خاليين من أية طاقة إيجابية أو طبيعية منتشرة في جميع أنحاء الكون.

بدأ كازيمير يرصد ما إذا كان هناك أي تأثير لوجود الطاقة السلبية وحدها، ورأى شيئًا غريبًا للغاية؛ وهو أن اللوحين المعدنيين يتحركان

تلقائيا، ويتقاربان، بدون أية طاقة أو قوة خارجية، واستمرا في التقارب حتى أصبحا متلاصقين تمامًا.

لو أن أحدنا تابع ذلك؛ لقال إن جنا قد تلبس هذين اللوحين!

من خلال هذه التجربة استطاع "كازيمير" أن يثبت بالأدلة التجريبية ما تنبأ به "ديراك" من وجود الطاقة السلبية (negative energy)، وأثبت أنها موجودة حولنا في كل مكان، لكن لا يمكن تحديد وجودها بشكل طبيعي؛ لأنها متوازنة مع الطاقة الإيجابية الموجودة في كل مكان. ولكي نلاحظ تأثير الطاقة السلبية كان علينا إبطال جميع تأثيرات الطاقة، والقوة الإيجابية الخارجية من خلال الفراغ المثالي. وهذه فرصة لظهور الطاقة السلبية وتحركها بحرية وتشكل ما يسمى بـ"بحر ديراك".

قد تقول: حسنًا! عرفتُ ما يسمى بالطاقة السلبية؛ ولكن لـم أفهمها على وجه التحديد: مم تتكون؟ ما الطاقة السلبية على وجه التحديد؟

هنا يأتي دور مبدأ عدم اليقين (uncertainty principle)، لهايزنبرج الذي أخبرتكم عنه في البداية، والذي يفسر هذه الطاقة بأن أي مساحة من الفراغ في الواقع ليست فارغة، ولكنها تحتوي على عدد لا نهائي من الجزيئات المجهرية التي تسمى الجسيمات الافتراضية (virtual particles). وهذه الجسيمات هي الفوتونات (أي جسيمات الضوء)؛ وهي تظهر من العدم، ثم تختفي مرة أخرى بشكل عشوائي. ولا يمكن ملاحظة الجسيمات الافتراضية بشكل مباشر، ولكن يمكننا فقط ملاحظة آثارها.

وهذه الجسيمات هي التي يتكون منها "بحر ديرك"، أو الطاقة السلبية، ولكل من الجسيمات الافتراضية موجته الخاصة.

وببساطة تستطيع أن تتخيل أنها مثل أمواج البحر.

إن موجات الجسيمات الافتراضية هي التي تمارس الضغط معًا على اللوحين المعدنيين من جميع الجهات. ولأن المسافة بينهما كانت صغيرة جدًا؛ لذلك تَشَّكل بينها عدد قليل جدًا من الجسيمات الافتراضية التي لها طاقة سلبية. وقد نتج عن ذلك ضعف الضغط الداخلي بين الصفيحتين من الداخل إلى الخارج، ولكن الضغط على اللوحين من الخارج يكون أكبر؛ لأن المساحة المحيطة بهما من الخارج أكبر، أي أن هناك جسيمات أكثر تضغط عليهما من الخارج نحو الداخل. وهذا يجعل الموجة المصاحبة لجميع الجسيمات العديدة الموجودة خارج اللوحين تكون أكبر من الموجة الداخلية بينهما. ولهذا السبب تحرك اللوحان إحداهما تجاه الأخرى، حتى التصقتا معًا تمامًا. **وهذا يعني أن كثافة الطاقة السلبية الموجودة في الفراغ هي التي حركتها.**

بعد ذلك قام كثير من العلماء بإجراء العديد من التجارب، وفي كل مرة تم التأكد من وجود الطاقة السلبية، وأصبح وجودها جزءا أساسيا في الفيزياء الحديثة لا يمكن إنكاره.

في عام 1974، أوضح الفيزيائي البريطاني الشهير "ستيفن هوكينج" الطريقة التي تنهار بها الثقوب السوداء وتختفي، من خلال الطاقة السلبية.

قال هوكينج إن الثقوب السوداء يمكن أن تتبخر وتختفي، عندما تظهر جسيمات افتراضية في منطقة أفق الحدث، بالقرب من الانحناء الشديد لنسيج الزمكان الناتج عن كتلة الثقوب السوداء الضخمة. وسيحدث هذا إذا دخلت الجسيمات الافتراضية ذات الطاقة السلبية إلى الثقب الأسود، مما سوف يسبب انخفاضا في طاقته وكتلته. وإذا استمرت هذه الجسيمات في الدخول إلى الثقب الأسود لفترة طويلة من الزمن؛ فإن كتلة الثقب الأسود تستمر في التناقص حتى تنتهي تماما، وحينها سوف تتلاشى.

حسنًا! لعلك ستسألني: **هل يمكننا الاستفادة من هذه الطاقة السلبية؟**

سأقول لك يمكن الاستفادة من الطاقة السلبية بطريقتين: الأولى من خلال الثقوب الدودية (worm holes)؛ إذ يرى العلماء أنه يمكن أن يكون انحناء نسيج الزمكان -الذي يشكل الثقوب الدودية- ناتجًا عن الطاقة السلبية. ودعني أذكرك أن الثقوب الدودية إنما هي فرضية لم يتم التأكد من وجودها بعد. وهي عبارة عن نفق افتراضي في نسيج الزمكان، واختصار كوني يربط بين منطقتين في الفضاء، ويمكن استخدامه للوصول إلى مناطق في الكون تبعد ملايين السنين الضوئية في خلال ساعات أو أيام، ويمكن أن تكون تلك الثقوب الدودية بوابة بين عالمين متوازيين، أو زمنين مختلفين في الكون نفسه.

قوانين الفيزياء تقول إنه إذا كان هناك ثقب دودي؛ فإن حجمه سيكون كبيرًا، وسيسمح للمركبة الفضائية بالدخول إليه، ولن تستطيع الخروج منه

لأنه سوف ينهار بسبب تأثير الجاذبية عليه. وهم يفترضون أنهم لو تمكنوا من تصميم مركبة فضائية تولِّد حولها طاقة سلبية؛ فإن هذا سيقاوم تأثير قوة الجاذبية، ويمنع الثقب الدودي من الانهيار، ومن ثم فإنها ستكون قادرة على المرور من خلاله، وسنكون قادرين على السفر في الفضاء لمسافات لا يمكن تصورها، أو حتى قادرين على السفر عبر الزمن.

الطريقة الأخرى للاستفادة من الطاقة السلبية:

يحلم العلماء بأن يتمكنوا من إنشاء محرك يسمح لنا بالسفر بسرعة أكبر من سرعة الضوء، وهي إحدى ثوابت الكون حسب نظرية أينشتاين في النسبية الخاصة، ولا يوجد شيء في الكون يمكن أن يفوقه؛ لأنه يعتبر الحد الأقصى لسرعة أي شيء في الكون.

اسمح لي أن أعطيك فكرة سريعة عن هذا المحرك.

أولًا، هذا المحرك يسمى محرك الانحناء (warp drive) ، ويتمكن من طي نسيج الزمكان عن طريق خلق ما يسمى بفقاعة الالتواء أو فقاعة الانحناء (warp bubble). هذا المحرك لن ينتج طاقة تدفع المركبة الفضائية في اتجاه محدد في الفضاء؛ لكنه سيحرك المركبة الفضائية، من خلال التلاعب بنسيج الزمكان نفسه. وهذا يعني أن الطاقة السلبية التي سينتجها انحناء المحرك ستؤدي إلى تقلص نسيج الزمكان، أو تقلص مساحته أمام المركبة ويتمدد خلفها، ثم يعود إلى شكله الطبيعي مرة أخرى، وينكمش مرة أخرى أمامه، ويتوسع خلفه، وهكذا.

ستكون هذه الحركة في نسيج الزمكان أكبر من سرعة الضوء، وسوف يؤدي ذلك إلىٰ تكوُّن "فقاعة الانحناء" حول المركبة الفضائية، وفي ذلك الحين سيتم اعتبار المركبة الفضائية ثابتة وغير متحركة، لكن نسيج الزمكان هو ما يتحرك حولها. وهـذا سيجعلنا قادرين علىٰ السفر بسرعة أكبر من سرعة الضـوء؛ أي أننـا سـنكون قـادرين علـىٰ السـفر بسـرعات خياليـة في الفضاء، دون مخالفة قوانين الفيزياء.

وخلاصة القول أن الطاقة السلبية هي حقيقة فيزيائية مثبتة بالأدلة العلمية، وهـي موجـودة في كـل مكـان في الكـون، ولهـا تطبيقـات عديـدة في الفيزياء. وقد نتمكن مـن السفر إلىٰ أماكن في الكـون كـان مـن المستحيل تخيل الوصول إليها من قبل.

وماذا عن المادة المضادة؟

دعونا نتحدث عن المادة المضادة، ونرىٰ: ما قصتها؟ وكيف تشكلت في الكون؟ وماذا كان سيحدث لو تم إنتاجها بكميات أكبر؟

هناك فرضية تقول إنه قبل 13 مليار و 800 مليـون سنة، مباشـرة بعـد الانفجار العظيم؛ بدأ الكون يتشكل في اتجاه واحد، وفي الاتجاه المعاكس وُلِد الكـون المضـاد "anti- universe". وهـو مكـون بالكامل ممـا يسمىٰ المادة المضادة "anti -mater". و لا تعجب مـن القول إن الوقت في الكون المضـاد يتحـرك ضـد الوقت في عالمنـا، أي أنـه يمتـد مـن المسـتقبل إلىٰ الماضي.

ولك أن تتخيل أن هناك نسخة أخرى منك في الكون المضاد، تجلس حاليًا في حالة معاكسة لحالتك، ساقاها فوقها وعقلها تحتها، وكانت تمسك هذا الكتاب وتقرأه، لكن تلك النسخة وصلت إلى نهاية الكتاب وفعلًا أفادت منه؛ لأن **الزمن هناك معكوس**.

وهنا نسأل أنفسنا بعض الأسئلة المهمة.

☞ **هل هناك أي شكل من أشكال الحياة في الكون الذي يتكون من المادة المضادة هذه؟**

☞ **وإذا كان موجودًا؛ فكيف يكون شكل الكائنات الحية فيه؟!**

☞ **هل هناك كائنات حية عاقلة؟**

☞ **هل تعتقد أنه من الممكن أن يتكون جسم الإنسان بأكمله من ذرات مضادة (anti atom) ؟**

والسؤال الأهم:

☞ **هل من الممكن أن ندخل إلى ذلك العالم في يوم من الأيام؟ ونتواصل مع أي كائنات حية هناك؟**

يحاول العلماء الإجابة عن كل هذه الأسئلة، من خلال حل لغز المادة المضادة، من خلال خلق المادة المضادة في المختبرات، حتى يتمكنوا من دراسة سلوكها وتحليله، ومن ثَمَّ يجدون إجابات لجميع أسئلتهم.

آن الأوان لأحكي لك قصة المادة المضادة "anti - mater" من البداية، **وسأحكي لك عن الطاقة العظيمة التي تنتج من تفاعلها مع المادة العادية، وعن احتمال إنشاء مركبة فضائية بمحرك يستخدم المادة المضادة بوصفه وقودًا؟** ونحاول أن نجيب عن سؤال قد يخطر على البال: ماذا سيحدث لو تمكنوا من صنع قنبلة من المادة المضادة؟

أولًا: ما المادة المضادة؟

المادة المضادة هي المادة العادية نفسها، ولها نفس الخصائص والكتلة، ولكن شحنتها الكهربائية "معاكسة" لشحنة المادة العادية.

وهذا يعني، على سبيل المثال، أن الإلكترون له شحنة سالبة، ولكن الإلكترون المضاد له شحنة موجبة ويسمى "البوزيترون"، وكلاهما لهما نفس الكتلة. كذلك تمتلك البروتونات المضادة شحنة سالبة، على عكس البروتونات العادية التي لها شحنة موجبة. أما النيوترونات، التي لها شحنة متعادلة، فهي تمتلك أيضًا جسيمًا مضادًا لها.

ويتم إنتاج المادة المضادة -بشكل طبيعي- في جميع أنحاء الكون. وما يجعلنا لا نستطيع العثور على هذه المادة -بشكل طبيعي- هو أنها، بمجرد إنتاجها، تتفاعل مع المادة العادية، وتختفي على الفور، وتنتج طاقة هائلة من تفاعل بعضها مع بعض. وتختلف قوتها باختلاف كمية المادة المضادة. في هذا التفاعل جميع كتل الجسيمات، والجسيمات المضادة الموجودة في المادتين تتحول إلى طاقة.

هـذا يعنـي أنـه في عالمنـا، في مكـان تهـيمن عليـه المـادة العاديـة، مـن المستحيل العثور علىٰ مادة مضادة سوىٰ ما يتم إنتاجه في المختبرات فقط. ولكن إذا كان هنـاك كـون مـوازٍ آخـر يتكـون بالكامـل مـن المـادة المضـادة، فسيكون من المستحيل أن توجد مادتنا العادية هناك بشكل طبيعي؛ إذ إنه – في ذلك الوقت– ستكون مادتنا هي المادة المضـادة بالنسـبة لهـم، وسـتكون مادتهم هي المادة العادية.

مـن خـلال قيـام العلمـاء بدراسـة خـواص الجسـيمات والجسـيمات المضـادة بدقـة عاليـة جـدًا، وجـدوا أن المـادتين كلتيهمـا تتصـرفان بـنفس الطريقة تمامًا، لكن شحناتهما معكوسة.

لهذا السبب، إذا كنـت قادرًا علىٰ الجمـع بين المـادة العادية والمـادة المضادة بنفس الكمية بالضبط؛ فالاثنتان سوف تختفيان تمامًا، وتسمىٰ هذه العملية "الإبادة المتبادلة". ومعنىٰ ذلك أن المادة المضادة التي تـم إنتاجها في بداية الكون تلاشت بمجرد ملامستها للمـادة العادية بدون أن تترك أي أثر.

سيقول لي شخص ذو عقل متفتح: حسنًا! استمع لي:

- **ما السبب في أن المادة العادية هي التي سيطرت علىٰ عالمنا؟**

- **لماذا لا تستطيع المادة المضـادة أن تقضي علىٰ المـادة العادية، وتبقىٰ بدلا منها؟**

هناك فرضية تجيب عن سؤالك تقول إنه منذُ 13 مليار و 800 مليار سنة، في اللحظات الأولى لولادة الكون بعد الانفجار العظيم، لم تكن أي مواد قد تكونت فيه بعد، وكان الكون مجرد طاقة، وكان هذا هو العصر الذي كانت فيه الطاقة تسيطر على الكون بأكمله.

وعندما بدأ الكون في التمدد، وظهر "عصر المادة"؛ بدأت جسيمات المادة والمادة المضادة تنتج بكميات متساوية. وعندما تفاعل بعضها مع بعض فنيت المادتان، وكل ما تبقى هو الطاقة الناتجة عن عملية الإبادة تلك. ولو استمرت عملية الإبادة تلك؛ لما كان هناك وجود لأي مادة في الكون، أي ما كان هناك مجرات أو نجوم أو كواكب أو كائنات حية.

لكن علماء الفيزياء يقولون إن كل مليار زوج من جسيمات المادة العادية والمادة المضادة –التي كانت تتفاعل معا وتتلاشى معا– لم يكن يبقى منها سوى جسيم واحد فقط من المادة العادية، واستمر هذا إلى أن اختفت كل المادة المضادة، واختفت معها نفس الكمية من المادة العادية. في ذلك الوقت، لم يبق سوى المادة الطبيعية المتبقية التي كانت قادرة على النجاة من عملية الإبادة المتبادلة، وكافحت تلك الجسيمات، واستمرت في تكوين الذرات والجزيئات التي شكلت العناصر الموجودة في الكون.

ومع ذلك فإن هناك فرضية أخرى تقول إنه إذا ثبت وجود "النيوترينو (وهو جسيم وجسيم مضاد في القوت نفسه يظهر بشخصيتين)؛ فهذا يمكن أن يحل اللغز كله. لقد رأى العلماء أنه في بداية الكون كان هناك جزء صغير

من جسيمات "النيوترينو" قادر على الانتقال من المادة إلى المادة المضادة، وربما كان هو مصدر المادة المضادة التي تم إنتاجها في بداية الكون بأكمله، وكان من شأن هذا أن يسبب تغيرًا طفيفًا في توازن المادة العادية في بداية الكون.

أجريت تجارب عديدة تعمل من أجل تحديد ما إذا كان "النيوترينو" فعلا جسيم وجسيم مضاد في نفس الوقت أم لا، ولكنهم حتى الآن غير متأكدين من هذا الأمر.

هذا النيوترينو هو جسيم "دون ذري" (subatomic particle) حجمه صغير جدًا، وله شحنة متعادلة مثل النيوترونات، لكنه أصغر منها بكثير، ويكاد لا يتفاعل مع أي شيء، ويعتبر أخف الجسيمات وزنًا بين جميع الجسيمات دون الذرية التي لها كتلة.

وأحب أن أقول لك إن البحث عن المادة المضادة ليس جديدا؛ لأن القصة بدأت عام 1928، عندما استخدم الفيزيائي البريطاني "بول ديراك" المعادلات الرياضية في محاولة للجمع بين ميكانيكا الكم وما يصف الجسيمات دون الذرية، ووصف نظرية النسبية لأينشتاين الأجسام الكبيرة، وصولًا إلى أكبر الاجسام في الكون.

في ذلك الوقت، كان ديراك يبحث عن حلول لمعادلة تصف حركة الإلكترون بسرعة قريبة من سرعة الضوء. والنتائج كانت تشير إلى وجود عالم مضاد مطابق تمامًا لعالمنا، لكنه مصنوع من المادة المضادة. وذلك

لأن المعادلات كانت تعطيه دائمًا حلين متطابقين في القيمة، ولكن بإشارات مختلفة؛ أي: حلا يكون فيه الإلكترون طاقته سالبة، وآخر يكون فيه الإلكترون طاقته موجبة.

في ذلك الوقت، كان ديراك مترددًا في مشاركة نتائجه مع المجتمع العلمي؛ لأنه كان يشك في مدىٰ منطقية تلك النتائج. لكن الفيزياء علمتنا أن نضع المنطق جانبًا قليلًا؛ لأنه من الواضح أن الكون أكثر تعقيدًا بكثير من فهمنا المحدود، ولا يصح أن نتخذ منطقنا مقياسًا لما يحدث في الكون علىٰ الإطلاق.

المهم أن ديراك، في النهاية، وضع المنطق جانبًا، وشارك الفيزيائيين الآخرين نتائجه، وكان أن أثبتوا فيما بعد -علىٰ الورق- أن كل جسيم في الكون لا بد أن يكون له جسيم آخر يماثل انعكاسه في المرآة؛ وهذا الاسم الثاني للجسيم المضاد هو "الجسيم المرآة" (mirror particle). وقد رأوا أن خصائص الجسيم، الذي افترضوا وجوده، مطابقة تمامًا لجسيم عادي، ولكن بشحنة معاكسة.

وقد أثار هذا الموضوع فضول علماء الفيزياء بشكل كبير. ولنا أن نتساءل: **أين يقع هذا العالم الخفي، وكيف يمكننا البحث عنه؟**

في عام 1932 تم التأكد من صحة افتراضهم الذي انتهت إليه معادلاتهم الرياضية كما هو الحال مع معظم النظريات الفيزيائية؛ وذلك علىٰ يد الفيزيائي "كارل أندرسون" عندما اكتشف أول جسيم مضاد في

المختبر وهو "البوزيترون". هذا عبارة عن جسيم مضاد للإلكترون (-anti electron)، لكنه موجب الشحنة.

بدأ اكتشاف ذلك أثناء دراسة الأشعة الكونية (cosmic rays)؛ وهي الأشعة الكونية القادمة من الفضاء، والتي تضرب الغلاف الجوي للأرض، فينتج عنها كمية هائلة من الجسيمات. في ذلك الوقت، رأى أندرسون أثرًا لشيء له نفس كتلة الإلكترون، لكنه موجب الشحنة، وأطلق عليه اسم "البوزيترون". وهنا تأكدت فرضية وجود المادة المضادة "anti - mater"، بأدلة علمية، وتحولت تلك الفرضية من مجرد فرضية على الورق إلى نظرية علمية مثبتة بالأدلة التجريبية.

وبهذا الاكتشاف حصل الفيزيائي بول ديراك على جائزة نوبل عام 1933، بسبب افتراض وجود المادة المضادة، من خلال حل المعادلات الرياضية.

ثم إنه، في عام 1936، فاز الفيزيائي كارل أندرسون بجائزة نوبل في الفيزياء أيضًا؛ لإثباته وجود المادة المضادة. وفي الأربعينيات والخمسينيات اتجه العديد من الفيزيائيين إلى محاولة اكتشاف جسيمات مضادة أخرى.

في الواقع أنه، في عام 1955، تمكنت مجموعة من العلماء في جامعة كاليفورنيا بيركلي"، من أن ينتجوا أول بروتون مضاد "antiproton"، شحنته سالبة، على عكس البروتون العادي الذي له شحنة موجبة.

وفي عام 1959، فاز العالمان اللذان اكتشفا البروتون المضاد بجائزة نوبل في الفيزياء.

في هذه الفترة، حصل كل من اكتشف جسيمًا مضادًا تقريبًا على جائزة نوبل. واستمر الفيزيائيون في توسيع دراساتهم وأبحاثهم حول المادة المضادة، وبدأوا في تصنيع أجهزة ضخمة تساعدهم على إنتاج المادة المضادة.

وقد تم تأسيس مشروع مُسَّرع الجسيمات ومصادم الهادرونات "CERN"، ومقره جنيف، وتديره المنظمة الأوروبية للأبحاث النووية. ومن خلاله تمكن العلماء من اكتشاف أول جسيم في ولادة الكون هو "هيجز بوزون"، الذي أطلقوا عليه اسم "جسيم الإله"، وسنتحدث عنه بالتفصيل في فصل قادم.

من وظائف "معجِّل الجسيمات"، أو "مصادم الهادرونات" هذا أيضًا إنتاج المادة المضادة بغرض دراستها. وفي عام 1995، استطاع فريق من الفيزيائيين الألمان والإيطاليين الذين عملوا في مُسَّرع الجسيمات ومصادم الهادرونات "سيرن" أن ينتجوا أول ذرة مضادة كاملة (anti atom)، وكانت هذه ذرة مضادة للهيدروجين. ثم تم اكتشاف ذرة الهليوم المضادة، والتي تعتبر أكثر عناصر المادة المضادة تعقيدًا على الإطلاق.

في البداية كان العلماء يجدون صعوبة في فهم ودراسة هذه الذرات المضادة؛ وذلك لأن من طبيعتها أن تختفي في غمضة عين، ومن ثَمّ لن يتمكن أحد من اللحاق بدراستها،

وما حدث أنه عندما كانت تتشكل ذرات الهيدروجين المضاد، كانت تصطدم فورًا بذرات الهيدروجين العادية في 172 مللي ثانية ويتم تدميرها؛ فاتجه العلماء إلىٰ البحث عن طريقة لإطالة عمر المادة المضادة، حتىٰ يتمكنوا من دراستها، قبل أن تتفاعل مع المادة العادية وتختفي.

وهنا يأتي دور جهاز مبطئ البروتون المضاد (The Antiproton Decelerator) الذي تم إنشاؤه في CERN في أواخر التسعينيات، ووظيفته إنتاج بروتونات مضادة بطيئة الحركة منخفضة الطاقة.

تم تصميم هذا الجهاز خصيصًا لإطالة عمر الجسيمات المضادة، عن طريق منعها من التفاعل مع الجسيمات العادية من أجل ألا تختفي، وهذا الجهاز يولد مجالًا كهرومغناطيسيًا قويًا جدًا، يفصل البروتونات عن البروتونات العادية، في فراغ مثالي تقريبًا، خالٍ من أي مادة عادية. وكيف يفعلون ذلك؟ إنهم يضخون غازًا يهدف إلىٰ إبطاء حركة البروتونات المضادة؛ لإعطاء الفيزيائيين العاملين في CERN الوقت الكافي لإجراء الدراسات والأبحاث اللازمة عليه.

وفي عام 2011، استطاع العلماء في CERN -باستخدام هذا الجهاز- أن يحافظوا علىٰ بقاء ذرة هيدروجين مضادة لأكثر من 16 دقيقة، وهو رقم قياسي للأعمار الذرية. وقد أعطت هذه الفترة "الطويلة" الفرصة للعلماء لكي يشرعوا في دراسة خصائصه بالتفصيل.

وحتى عام 2002، استطاع العلماء أن ينتجوا 50 ألف ذرة هيدروجين مضاد. وحاليًا، يقوم الباحثون في CERN بإنتاج ملايين من ذرات الهيدروجين المضاد بهدف إجراء دراسة تفصيلية عليها.

وهنا نسأل أنفسنا سؤالًا مهما:

– لماذا لا نستفيد من الطاقة الهائلة الموجودة التي تنتج عن تفاعل المادة مع المادة المضادة، لنصنع مركبة فضائية بمحرك يعمل عن طريق تفاعل هاتين المادتين بعضهما مع بعض، حتى نتمكن من توفير الطاقة اللازمة للسفر في مساحات شاسعة من الفضاء؟

هذا هو بالضبط ما فكرت فيه وكالة ناسا للفضاء.

فكروا في صناعة مركبة فضائية تستخدم المادة المضادة وقودًا، للوصول إلى المريخ.

لكنهم واجهوا مشكلة؛ وهي أنها مكلفة جدًا. فعلى سبيل المثال، يتكلف إنتاج 10 ملليجرام من البوزيترونات اللازمة لإرسال مركبة فضائية مأهولة برواد فضاء إلى المريخ حوالي 250 مليون دولار. وهذه هي التكنولوجيا التي يعملون حاليًا على تطويرها.

علاوة على ذلك، فهم يدرسون أيضًا إمكانية استخدام الطاقة الناتجة عن تفاعل المادة مع المادة المضادة، لإرسال مسبار إلى أقرب نجم لنا؛ وهو "ألفا سنتوري". والخطة هي أنه –باستخدام هذه الطاقة– سيتسارع

المسبار إلىٰ 10٪ من سرعة الضوء، وتنخفض سرعته عندما يصل إلىٰ مدار "إلفاسانتوري"، ويبدأ استكشافه.

وعلىٰ الرغم من كل الدراسات التي أجريت علىٰ المادة المضادة؛ فإنها لم تصل بعد إلىٰ المعلومات الكافية التي تمكننا من الإفادة منها بشكل كامل. لكن الشيء الذي تأكد منه العلماء حتىٰ الآن، ومن خلال ما رصدوه في تجاربهم، أنه إذا كان لديك القدرة، بطريقة أو بأخرىٰ، علىٰ الدخول إلىٰ الكون المضاد (anti universe) أو العالم المصنوع من المادة المضادة؛ ستنتهي حياتك بطريقة غير سارة للغاية!

السبب هو أن جميع أنسجة جسمك مكونة من جسيمات وذرات عادية، وبمجرد دخولك إلىٰ كوكب في ذلك الكون مصنوع بالكامل من المادة المضادة؛ فإن المادة المضادة الموجودة فيه ستصبح لينة، وسوف تتفاعل بشكل مباشر مع جميع الذرات التي يتكون منها جسمك، وستنفجر أنت في تلك اللحظة، لتنتج كمية هائلة من الطاقة، وتختفي تماما، من دون أن تخلِّف أي أثر. والمشكلة الأهم هي أنك لن تموت وحدك إذا فعلت ذلك؛ إذ ستكون سببا في الإبادة الجماعية لجميع الكائنات الحية علىٰ ذلك الكوكب المضاد.

ويمكن حساب تلك الطاقة، باستخدام معادلة نظرية النسبية الشهيرة $E = MC^2$، وذلك بضرب مجموع كتل هذه الجسيمات في مربع سرعة الضوء، وستحصل علىٰ الطاقة الناتجة عن التفاعل. وهذا يعني، علىٰ

سبيل المثال، أن تفاعل كيلوجرام واحد من المادة المضادة مع كيلوجرام واحد من المادة العادية سوف ينتج 43 ميجا طن من مادة تي إن تي.

وهذه كمية طاقة أقل قليلًا من الطاقة التي تنتجها قنبلة قيصر الهيدروجينية؛ وهي تعتبر أكبر سلاح نووي تم تفجيره على الإطلاق، حيث بلغ وزنها 27 طنا.

تخيل لو أنك كان وزنك 80 كيلو جرامًا وانفجرت هناك؛ فإن هذا الانفجار يعادل قوة انفجار 60 قنبلة قيصر نووية.

نصيحتي ألا تذهب إلى هناك حفظك الله! وأدعو الله ألا يتمكن أحد من أن يصنع قنبلة من المادة المضادة.

الفصل السادس

مراحل اكتشاف الشكل الحقيقي للذَّرَّة، وكيفية اكتشاف جسيم بوزون هيجز

للبدء في الحديث عن عالم الكم؛ لا بد لنا أولًا من معرفة مراحل اكتشاف الشكل الحقيقي للشيء الذي تتكون منه جميع المواد الموجودة في الكون؛ ألا وهو الذَّرَّة (atom)؛ وذلك لأن من أكثر الأشياء التي أثارت فضول الإنسان على مر العصور هي معرفة المكون الأساسي للمادة؛ أعني: **مِمَّ تتكون أجسادنا، والكواكب، والنجوم، وكل ما هو موجود في الكون؟**

سأخبرك كيف اكتشفوا نواة الذَّرَّة، وستعرف كيف كان العلماء يفكرون، وكيف استطاعوا أن يتخيلوا ويفترضوا أشياء لم يتمكنوا من رؤيتها في المقام الأول، ثم تمكنوا من إثبات صحة افتراضاتهم، بالتجارب والأدلة العلمية.

وفي الواقع فإن البحث عن الشكل الحقيقي للذرة يعود إلى ما يزيد على قرنين من الزمان؛ إذ بدأ في القرن الرابع قبل الميلاد؛ أي منذ 2500 سنة مضت، في الفترة التي عاش فيها الفيلسوف اليوناني القديم "ديموقريطس".

تخيل "ديموقريطس" أنه لو أحضر رغيف خبز وقطعه نصفين، ثم أخذ نصفه وقطعه نصفين، وأخذ النصف فقطعه إلى نصفين آخرين، فإنه يصل في النهاية إلى جزء من الرغيف لا يستطيع أن يقطعه إلى أصغر من ذلك. وسمّى "ديموقريطس" أصغر جزء من المادة باسم أتوموس (atomos)، ويعني ما هو غير قابل للقطع (uncuttable) ومن هنا جاء اسم الذَّرَّة "atom".

لقد تصور "ديموقريطس" أن كل مادة تتكون من هذه الأشياء الصغيرة جدًا، ولا يمكن أبدًا تقسيمها إلى أجزاء أصغر. لكنه لم يكن عالِما، فيمكّنه إجراء التجارب في المختبر، ومن خلالها يستطيع التأكد من صحة خياله أو فرضيته، بل كان فيلسوفًا؛ أي كانت مهمته أن يفكر، ويتخيل، ويستنتج من دون دليل أو برهان علمي. وهذا ما جعل الناس غير قادرين على الاتفاق على صحة فرضيته حول شكل الذَّرَّة، واستمر هذا الخلاف نحو 2000 سنة، حتى عام 1808، عندما جاء الكيميائي والفيزيائي البريطاني "جون دالتون"، وأجرى أول تجربة علمية أوضحت أن المادة تتكون من جسيمات صغيرة جدًا؛ هي الذرات. تخيل "دالتون" أن شكلها كرات صغيرة، ومع تغير ترتيب الكرات تظهر مواد مختلفة. كذلك رأى أن الذَّرَّة لا يمكن تقسيمها إلى أجزاء أصغر من ذلك.

بدأت فكرة العلماء عن شكل الذَّرَّة تتغير في عام 1904، عندما اكتشف عالم الفيزياء النظرية "جي جي تومسون" "J.J. Thomson" الإلكترونات، وكان يعلم في ذلك الوقت أن الذرات تحتوي على إلكترونات سالبة الشحنة، وأن حجمها أصغر بكثير من حجم الذَّرَّة؛ فرأى أن هذه الذَّرَّة كأنها جزء من الكعكة المحشوة بالبندق.

وهنا قد تسأل: هل هناك كعكة محشوة بالبندق؟

سوف أقول لك إني لم آتِ لأعطيك وصفة حلويات اليوم. أحاول فقط أن أجعل الصورة أقرب إليك؛ لذا استمر في التركيز، وتخيل أن الذَّرَّة هي التي تصنع الكعكة المحشوة بالبندق.

المهم أن طومسون رأى أن البندق عبارة عن إلكترونات سالبة الشحنة، وأن الكعكة نفسها المحيطة بالإلكترونات هي وسط ذو شحنة موجبة، وقد تكون الشحنات السالبة موجبة، وبالتالي فإن الذَّرَّة يكون لها شحنة متعادلة.

استمرت الفكرة لمدة 7 سنوات حتى عام 1911، عندما جاء عالم فيزياء نيوزيلندي، يُلقب بأبي الفيزياء النووية هو "إرنست رذرفورد"، الذي طلب من اثنين من طلابه -هما "هانز جيجر"، وإرنست مارسدن"- إجراء تجربة رقائق الذهب الشهيرة (gold foil expermint) أو "تجربة تشتت جسيمات ألفا" (alpha particles scattering experiment)، ويمكن لأي شخص -يقوم بإجرائها- من أن يعرف أن الذَّرَّة، في الغالب، فارغة، وأن كل الكتلة الموجودة بداخلها تقريبًا خالية، وأنها تتجمع في مركز الذَّرَّة، وتسمى النُّوى (nucleas)، وأن حجم النواة يساوي واحدًا على تريليون من حجم الذَّرَّة، ويمكن القول إن أنسب مقولة شعبية تنطبق على هذه الذَّرَّة هي مقولة: "من بره الله الله! ومن جوى يعلم الله".

إن تجربة رقائق الذهب هذه تقوم على إطلاق جسيمات ألفا "alpha Particles"، وهي جسيمات موجبة ثقيلة، على ورقة من رقائق الذهب ذات سُمك صغير جدًا. ورأى "رذرفورد" أنه بما أن صفيحة الذهب هذه مكونة من ذرات كأي مادة في الكون، وأن الذرة في الواقع جسيم موجب تتحرك بداخلها إلكترونات سالبة كما قال "جي جي تومسون" J. J.

Thomson "؛ فمـن المفـترض أن جميـع أشـعة ألفـا الموجبة سـتتنافر مـع الوسـط الموجـب الـذي يشـكل كـل مسـاحة الـذرة، ويشـمل كـل المسـاحة المحيطة بالإلكترونات، وسـوف تغير مسـارها، ولن تتمكن مـن المـرور عبر الوسط الذي يحتوي على شحنات موجبة.

وهذا ما كان متوقعا أن يحدث، إذا كانت الذرة مثل كعكة البندق التي تخيلها "جي جي تومسون ". لكن النتيجة كانـت مفاجِئـة لهـم، ووجـدوا أن معظم أشـعة ألفا تمـر عبر رقائق الـذهب، وأن جـزءًا صـغيرًا جدًا منهـا، هـو الذي يغير مساره، ولا ينعكس منه إلا واحد من كل 8000 شعاع ألفا.

قضىٰ رذرفورد عامين في دراسة نتائج هذه التجربـة مـن أجـل التوصـل إلىٰ تصور منطقي لشكل الذَّرَّة، ووجد أن التفسير الوحيد لهـذه النتائج هـو أن كل الكتلة والشحنة الموجبة تجتمعان في مركز الذَّرَّة، ويسمىٰ نواة الذَّرَّة، وأنها لا تنتشر في كامل الفضـاء داخـل الذَّرَّة أو أي شـيء، وأن تفسـير "جـي جي تومسون "لهذا الجزء كان خاطئا، وأن الإلكترونات هي التي تتحـرك حول النواة، وليس العكس.

وهذا يعني أن المكسرات أو الإلكترونات هي التي تظهر في الخارج، وتقع الكعكة أو الوسط المشحون بشحنة موجبة بالكامل في نقطة صغيرة جدًا في مركز الذَّرَّة تسمىٰ النواة، ومعظم الذرة عبارة عن فراغ، ولهذا كانت أشـعة ألفا تجد فراغا عند اصطدامها بالذرات المكونة لرقائق الـذهب وتمـر من خلالها بحرية كاملة.

ويشير الانحراف أو الانعكاس الصغير جدًا لأشعة ألفا إلى أن كل الكتلة، والشحنة الموجبة تتجمعان في نقطة متناهية الصغر في مركز الذَّرَّة.

ولك أن تتخيل شكل الذَّرَّة وكأنها مثل ملعب كرة القدم وفي وسطه حبات "البازلاء".

ويسمى هذا الشكل للذرة بالنموذج النووي للذرة (the nuclear model of the atom)؛ لأنه الشكل الأول للذرة الذي يحتوي على نواة (nucleus).

وعلى الرغم من أن حجم النواة صغير جدًا، مقارنة بحجم الذرة؛ ولكن النواة تشكل 99.9% من كتلة الذرة.

وبالمناسبة، فإن ما يجمع نواة الذرة معًا هي القوة النووية القوية التي تحدثت عنها سابقًا في الفصل الخاص بالقوى الأساسية الأربع في الطبيعة.

ومع أن كلام "رذرفورد" كان صحيحًا فيما يتعلق بنواة الذرة، وتركيز كتلة النواة فيها، وأن الذرة في الغالب فارغة؛ ولكنه لم يكن قادرًا على تخيل شكل حركة الإلكترونات على نحو صحيح.

هذه المرة، كان العلماء لا يزالون غير قادرين على تحديد شكل حركة الإلكترونات حول نواة الذَّرَّة بدقة. وكان هناك شيء لم يتمكن العلماء من إيجاد إجابة له، ولم يفسره نموذج رذرفورد أيضًا:

- **ما السبب الذي يجعل جميع الذرات مستقرة؟**

- ما الذي يمنع انجذاب الإلكترونات السالبة إلىٰ النواة الموجبة، وانهيار الذرة؟

ظـل هـذا الوضـع قائمـا حتـىٰ عـام 1913، عنـدما جـاء الفيزيـائي الدنماركي "نيلز بور"، وابتكر نموذجًا جديدًا للذرة أطلق عليه اسم (Bohr model).

نموذج بور:

صـحيح أن الـذرة بهـا نـواة صـغيرة جـدًا تقـع في مركزهـا، لكـن الإلكترونات لا تتحرك حولها بشكل عشوائي أو شيء من هذا القبيل، كما قال رذرفورد؛ فالإلكترونات تدور في مدارات محددة حول النواة، وسرعة دورانها في هذه المدارات هي ما يحافظ علىٰ استقرار الذرة، ويمنع انجذاب الإلكترونات السالبة إلىٰ النواة الإيجابية وتنهار.

هناك أيضًا مدارات للإلكترونات، ولها مستويات مختلفة مـن الطاقـة، ويمكن لتلك الإلكترونات أن تنتقـل مـن مـدار إلـىٰ آخـر عـن طريـق إطلاق الطاقة أو امتصاصها. و" كلما كان المدار أصغر؛ انخفض مستوىٰ الطاقة، وكلما كان المدار أوسع أو أكبر؛ زاد مستوىٰ الطاقة".

وتُشبّه مدارات حركة الإلكترونات بمدارات الكواكب حول الشمس، وكـأن الشـمس تمثـل النـواة، والكـواكب تمثـل الإلكترونـات. ومـا يجعـل الكواكب أيضًا لا تنجذب إلىٰ الشمس وتبتلعها هو سـرعة دوران الكواكب

حول الشمس، مما ينتج عنه "زخم زاوي" يساوي تأثير قوة جاذبية الشمس عليها، ولكن في الاتجاه المعاكس.

والواقع أن العلماء اقتنعوا بنموذج "نيلز بور" للذرة. والملحوظ من هذه المسيرة العلمية أن كل عالم يبني ويعدل ما وصل إليه العلماء الذين سبقوه، وفي كل مرة تتضح الصورة تدريجيًا، إلى أن وصلوا إلى الشكل الصحيح لمكونات الذَّرَّة.

وماذا عن رذرفورد؟ هل يصمت؟

راح يبحث عن شي يتفوق به على "نيلز بور"، حتى جاء عام 1919 عندما اكتشف أن النواة تحتوي على جسيمات دون ذرية (sub atomic particls) بداخلها، تتسم بالصغر، تسمى البروتونات، ولها شحنة موجبة.

هل انتهى الأمر إلى هذا الحد؟!

كلا!

في عام 1920، اكتشف الفيزيائي النمساوي "أرفين شرودنجر" اكتشافا أفضل من سابقيه، حيث أجرى تجربة أظهرت أن **"الإلكترونات لا تدور في مدارات دائرية محددة حول النواة"** مثلما كان يعتقد نيلز بور"، لكنها تتحرك مثل الذباب المصاب بـ"فرط الحركة"؛ أي أن لها حركة سريعة جدًا في كل الاتجاهات، لكنها ليست عشوائية في الوقت نفسه. وحركة الإلكترونات هذه ينتج عنها أشكال مختلفة؛ مثل كرة ثلاثية الأبعاد،

131

أي أنها ليست دائرة ثنائية الأبعاد. وعلىٰ الرغم من أنه لا يمكننا أبدًا تحديد موقع الإلكترونات بدقة داخل الذَّرّة؛ فإن كل ما يمكننا معرفته هو احتمال وجودها في مكان محدد داخل الذَّرَّة فقط.

في عام 1926، صاغ "إيروين شرودنجر" معادلته الشهيرة التي أطلق عليها اسم معادلة "شرودنجر"؛ وهي معادلة تشبه في أهميتها قانون نيوتن الثاني للحركة، والذي يعتبر أحد أساسيات الفيزياء الكلاسيكية.

من خلال هذه المعادلة يمكننا دراسة حركة الجزيئات الذرية، ودون الذرية، وتوليد موجة من الاحتمالات حول موقع الإلكترونات داخل الذَّرَّة.

وبالمناسبة، فقد فاز "إيروين شرودنجر" بجائزة نوبل مع بول ديراك عام 1933؛ بسبب إسهامهما في فيزياء الكم.

وهذا النموذج للذرة يعرف بالنموذج الميكانيكي الكمي (quantum mechanical model).

في رأيك هل رذرفورد يمرر هذا الأمر بسلام؟

كلا!

لقد استمر في إطلاق جسيمات ألفا علىٰ مواد مختلفة علىٰ مدار سنوات، من أجل فهم مكونات نواة الذَّرَّة بشكل أكثر دقة. وبالفعل اكتشف "رذرفورد" وزميله "جيمس شاندويك" في عام 1932 جسيمات أخرىٰ غير

البروتونات موجودة داخل النواة، وهي جسيمات ذات شحنة متعادلة، وأطلقا عليها اسم النيوترونات.

حتى الآن يُعتبر النموذج الصحيح لشكل الذرة هو النموذج الميكانيكي الكمي الذي اقترحه إرفين شرودنجر. وهو عبارة عن إلكترونات سالبة الشحنة، تتحرك في كرة كاملة من الفضاء وفي الوسط توجد النواة، وهي صغيرة جدًا في الحجم، وتتركز فيها كل كتلة الذرة تقريبًا، وتتكون من جسيمات دون ذرية، وتتألف من بروتونات موجبة ونيوترونات متعادلة الشحنة.

وهذه هي أفضل طريقة تخيلنا بها شكل الذَّرَّة وتركيبها حتى الآن.

لكن هذه ليست بالضرورة الرؤية النهائية للذرة، ومن المحتمل جدًا – مع اختبارات فيزياء الجسيمات– أن يصل العلماء إلى تصور أكثر دقة لبنية الذَّرَّة ومكوناتها.

بالمناسبة قمنا في المدارس بدراسة الذَّرَّة وفق نموذج نيلز بور الذي يوضح مدارات الإلكترونات في حلقات دائرية حول النواة –وهذا للتبسيط فقط– لكن هذه المدارات المحددة غير موجودة في النموذج الحقيقي، وهو النموذج الميكانيكي الكمي للذرة.

جميع العلماء الذين تحدثت عنهم، وشاركوا في اكتشاف الشكل الحقيقي للذرة، فازوا بجائزة نوبل.

وفي عام 1964، توصل اثنان من الفيزيائيين، هما "موراي جيلمان" و"جورج زفايج"، إلى أن هناك جسيمات أخرى أصغر، تشكل البروتونات والنيوترونات، أطلقا عليها اسم "الكواركات". **ويُعَدّ "الكوارك" أصغر جسيم في مكونات المادة تم اكتشافه حتى الآن.**

وكانت هذه رحلة للبحث عن الشكل الحقيقي لأصغر المكونات التي يتكون منها جميع المواد الموجودة في الكون. ولكن كيف تمكن العلماء من اكتشاف الجسيم الذي يمنح الكتلة لجميع الجسيمات الموجودة في الكون؟ هذا يدفعنا إلى الحديث عن جسيم بوزون هيجر.

جسيم (بوزون هيجز):

في أوائل السبعينيات، أنشأ العلماء النموذج القياسي لفيزياء الجسيمات، ويتضمن جميع المعادلات الكمومية (Quantum equations) التي جمعها الفيزيائيون لوصف جزيئات المادة، والقوى الأربع التي تسيطر على الطبيعة.

وإذا نظرنا إلى هذا النموذج؛ لوجدناه مقسما إلى أربعة أجزاء: "جسيمات دون ذرية، ولبتونات، وبوزونات". والبوزونات تشمل الجسيمات التي تحمل القوى الأساسية الأربع في الطبيعة، بالإضافة إلى جسيم رابع يوجد بذاته، يسمى "بوزون هيجز".

وهذا النموذج هو ما يفسر العلاقة بين هذه الجسيمات، وثلاث من القوى الأساسية الأربع للطبيعة، وهي "القوة النووية الضعيفة، والقوة

الكهرومغناطيسية، والقوة النووية القوية"، أما قوة الجاذبية فتصفها نظرية النسبية العامة، كما سبق أن عرفنا. كذلك فإن هذا النموذج يوضح تأثير هذه القوة على جميع جسيمات المادة.

هذا النموذج بدا صالحًا لتفسير جميع النتائج التجريبية تقريبًا، وتنبأ – بدقة– بمجموعة واسعة من الظواهر مع مرور الوقت. ومن خلال العديد من التجارب، أصبح "النموذج القياسي" نظرية فيزيائية تم اختبارها مرارًا وتكرارًا، وكما تم التأكد من صحته. **وهذه النظرية الفيزيائية تعتبر الأكثر نجاحا ودقة في التاريخ.**

حسنًا! وما علاقة هذا بموضوعنا؟

أقول لك يا سيدي. عند ما يصل إلى جزء واحد من 10^{12} جزء من الثانية من لحظة الانفجار العظيم كانت كل الجسيمات عديمة الكتلة، وتسافر بسرعة الضوء. ولكن بعد أن توسع الكون وبرد قليلًا؛ بدأت جميع الجسيمات الموجودة في ذلك الوقت تتفاعل مع الجسيمات التي يتكون منها مجال "هيجز"، وهذا التفاعل هو ما أعطاها كتلتها.

وضع العلماء جسيم هيجز بوزون في النموذج القياسي لفيزياء الجسيمات. وعلى الرغم من أنهم لم يتمكنوا من إثبات وجوده بالأدلة العلمية؛ فإنهم كانوا متأكدين من وجوده، واعتقدوا أنه لكي نتمكن من اكتشاف هذا الجسيم، لا يوجد حل سوى عمل محاكاة لأصل الكون، والظروف التي كانت موجودة في ذلك الوقت.

تعالوا معي إلى رحلة داخل أدمغة علماء الفيزياء، حتى تتمكنوا من فهم كيف كان هؤلاء الناس يفكرون، وتعرفوا كيف تمكنوا من تحقيق هذه الاكتشافات المذهلة.

سأخبركم عن أهم إنجاز تجريبي في فيزياء الكم خلال الأعوام الخمسين الماضية. وهو اكتشاف الجسيم الأولي المسئول عن إعطاء جميع الجسيمات الموجودة في الكون كتلة "هيجز بوزون"؛ **وهو ما سموه "جُسَيم الإله".**

القصة بدأت منذ حوالي نصف قرن، عندما وصل عالم الفيزياء النظرية الإنجليزي "بيتر هيجز"، هو ومجموعة من علماء الفيزياء الآخرين إلى فهم ما يعطي الجسيمات (Particles) كتلتها؛ **أعني: من أين تأتي كتلة هذه الجسيمات بالضبط؟**

وكما نعلم فإن "الكتلة هي مقاومة الأجسام لتغيير حركتها"؛ فمثلًا مقاومة القطار لتغير حركته أكبر بكثير من مقاومة الريشة لتغير حركتها.

وهذا يعني أن المقاومة تشير إلى الكتلة.

لكن ما كان يحير العلماء هو: ماذا يعطي هذه الجسيمات الأساسية كتلًا؟ ومن المؤكد أن هناك جسيمًا آخر غير معروف يعتبر مثل الروح بالنسبة لهذه الأجسام. وأطلقوا على الجسيم الذي لم يروه ولكنهم كانوا مقتنعين بوجوده اسم "البوزون".

ولنَرَ معًا: **ما الذي جعل علماء الفيزياء في هذا الوقت يؤمنون بوجود هذا الجسيم المجهول الذي سيسمىٰ جسيم الإله (God particle) بعد ذلك؟**

في ستينيات القرن العشرين، استخدم الفيزيائيون نموذجا خاصا بسلوك الجسيمات من خلال حل المعادلات الأساسية في فيزياء الكم (physics Quantum)، ولكن عندما حلوا هذه المعادلات؛ رأوا نتائج لا يمكن أن تكون صحيحة أبدًا؛ لأن جميع المعادلات تتحول دائمًا إلىٰ النتيجة نفسها، علىٰ الرغم من الاختلافات في الجزيئات التي كانوا يعملون عليها.

إنه يعني أن شيئًا ما مثالي جدًا، لدرجة أنه يشير إلىٰ وجود خطأ ما.

في الواقع أن الخطأ الذي كانوا يرتكبونه، هو أنهم اعتقدوا أن الجسيمات عديمة الكتلة، وعندما عرفوا أن الجسيمات لها كتلة؛ بدأوا بتعديل المعادلات من أجل حساب كتلة الجسيمات، فانقلب العالم عليهم، وأصبحت المعادلات معقدة للغاية، وأدت إلىٰ نتائج غير منطقية علىٰ الإطلاق. **وكان من الواضح أن هناك شيئا خاطئا. وهذا أربكهم كثيرًا.** وهذا يعني أن النتائج خاطئة في كلنا الحالتين، سواء كانت الجسيمات ذات كتلة أو كانت بلا كتلة.

وهنا يأتي دور العبقري "بيتر هيجز" الذي اقترح فكرةً خارج الصندوق، وقال إننا لن ندرج كتل الجسيمات في المعادلات الرياضية،

ولكننا سنعتبر هذه الجسيمات موجودة في بيئة غريبة غير تلك التي نعرفها.

وهذا يعني تخيل أن كل الفضاء مملوء بالكامل بالمادة المظلمة. والمادة الخفية هي ما تمارس مقاومة، أو قوة جذب على الجسيمات عندما تتسارع فيها.

لكي أبسط لكم هذه الفكرة البسيطة والعبقرية، تخيل أنك تحمل كرة وتحركها عبر الماء. ستشعر أنها أثقل مما لو كنت تحركها خارج الماء في الهواء؛ وذلك بسبب أن الماء يقوم بمقاومة حركة الكرة بدرجة تفوق مقاومة الهواء، ونشعر بأن وزنها أو كتلتها أكبر.

هذه الكرة تمثل الجسيم، وهذا الماء يمثل "مجال هيجز"، أو المادة الخفية المنتشرة في الكون، وتحيط بجميع الجسيمات. أعني، في هذه الحالة، أنه يمكنك اعتبار أن الجسيمات عديمة الكتلة، لكن مقاومة هذه المادة غير المرئية هي ما يمنحها كتلتها.

وفي عام 1964، نشر بيتر هيجز بحثًا في مجلة فيزيائية معروفة، صاغ فيه هذه الفكرة رياضيًا. والصدمة أن الورقة رُفضت. ولم يكن هناك سبب للرفض، بل بسبب فرضية وجود شيء غير مرئي منتشر في الفضاء، وهو يتفاعل مع الجسيمات، ويمنحها كتلتها. واعتبر المسئولون عن المجلة العلمية كل ذلك مجرد أوهام لا علاقة لها بالفيزياء.

لكن بطلنا لم ييأس ونشر بحثه في مجلة أخرى في العام نفسه. وحينها بدأ علماء الفيزياء بدراسته، واتفقوا على أن فكرته عبقرية، ومكنتهم من حل

جميع المشاكل التي كانت تواجههم في نموذج فيزياء الكم الذي كانوا يستخدمونه لدراسة سلوك الجسيمات، وهو ما تحدثنا عنه منذ قليل.

وفي منتصف الثمانينات، اتفق المجتمع العلمي بأكمله على وجود "مجال هيجز الخفي" في الفضاء، **وأطلقوا عليه اسم حقل هيجز (Higgs field).**

ولكن -في ذلك الوقت- لم يتمكن العلماء من تحديد ما هو الجسيم المخفي الذي يشكل هذا الفضاء، والذي يشكل مجال هيجز. وعلى الرغم من أن العلماء كانوا متأكدين من وجوده لدرجة أنهم وضعوه في النموذج القياسي لفيزياء الجسيمات، ولكن لم يكن هناك دليل ملموس يدل على وجودها. وهذا ليس شيئًا جديدًا في الفيزياء، لأنه في حالات كثيرة جدًا كان العلماء يتوصلون إلى أشياء يمكن إثبات وجودها بعد عقود من الزمن عن طريق حل المعادلات الرياضية.

وهنا ننتقل إلى الطريقة التي تمكنوا من خلالها اكتشاف هذا الجسيم الغامض من خلال مشروع CERN (أكبر معجِّل للجسيمات أو مصادم **"هادرونات"** في العالم).

وأذكركم بأن كلمة CERN هي اختصار للمجلس الأوروبي للأبحاث النووية. وتكلفته 10 مليارات دولار، وشارك فيها آلاف العلماء من عشرات البلدان،ويتمثل دوره في عمل محاكاة (simulation) لحظة الانفجار العظيم الذي ولد منه الكون، بهدف دراسة البنية الأساسية للجسيمات التي تشكل كل شيء حولنا.

مصادم الهدرونات هذا هو عبارة عن نفق (tunnel) دائري يبلغ طوله 27 كيلومترا يقع في جنيف على الحدود بين سويسرا وفرنسا. وفكرته ببساطة قائمة على إطلاق بروتونين من أبسط ذرة على وجه الأرض (وهي الهيدروجين) يتحرك أحدهما تجاه الآخر. وتوجد مسرعات للجسيمات على طول هذه الأنفاق مكونة من مغناطيسات فائقة القوة، وظيفتها هي جعل سرعة البروتونات تقترب من سرعة الضوء. وهذا يعني أنها تستطيع الدوران حول النفق 11000 مرة في الثانية بحيث يصطدم بعضها ببعض، وهي عبارة عن 9000 مغناطيس فائق التوصيل، والهدف منها هو تقريب الجسيمات بعضها من بعض؛ لأن هذه الجسيمات صغيرة للغاية، والعاملون في CERN يُشبّهون هذه العملية **كما لو كنت تطلق إبرتين على مسافة 10 كيلومترات إحداهما تجاه الأخرى، وتريد أن تتصادم في منتصف الطريق بالضبط.** ومن خلال CERN، يستطيع العلماء إجراء ملايين الاصطدامات في غمضة عين، بحيث تنتج وابلًا من الجسيمات التي تشبه الألعاب النارية، وتقوم أجهزة الكشف العملاقة بالتقاط صور لهذه الجسيمات وتسجيلها. وبعد هذا يقوم العلماء بتحليلها باستخدام أقوى أجهزة الكمبيوتر على هذا الكوكب، من أجل العثور على الجسيم الذي يشكل المجال الخفي الذي افترضوا وجوده.

في الواقع، تم إجراء مليارات الاصطدامات بين البروتونات داخل CERN، على أمل أن تتفكك البروتونات في إحدى التجارب إلى مكوناتها الأساسية. وافترض العلماء أنه في حالة وجود "مجال هيجز" الخفي، فإن

هذه الاصطدامات العنيفة ستحدث، وتكون قادرة على هز هذا المجال غير المرئي. وكأن غواصتين تتصادمان وتحركان المياه حولهما، ولكن يجب أن يكون الاصطدام صحيحًا تمامًا وبمنتهى الدقة، حتى تتمكنا من تحريك ولو نقطة واحدة من هذا المجال المخفي.

وهذا ما سيظهر على شكل "جسيم هيجز" الذي طال انتظاره.

في الواقع، في 4 يوليو 2012، أعلن فريقان مختلفان من الباحثين المكلفين بجمع وتحليل بيانات المنظمة الأوروبية للأبحاث النووية (CERN) من العثور على جسيم بوزون هيجز.

دعني أخبرك أن هذا الجسيم يظهر مرة واحدة كل مليار تصادم.

في ذلك الوقت، طلبوا من العالم **"بيتر هيجز"** أن يأتي إلى جنيف ليشاركهم هذه الأخبار السارة، وبالطبع وقف المجتمع العلمي بأكمله تقديرًا لعبقرية هذا العالم الذي تنبأ بوجود المجال الخفي المنتشر في الفضاء، والذي يعطي جميع الجسيمات كتلتها.

والجسيم الذي لا يتفاعل مع هذا المجال هو "الفوتون"، ولهذا السبب هو عديم الكتلة وأسرع جسيم في الكون. ذرف "بيتر هيجز" دموع الفرح لإثبات نظريته العلمية بعد كل هذه السنوات.

لم تمضِ بضعة أشهر، إلى أن وصلنا إلى 8 أكتوبر 2013، حين فاز **"بيتر هيجز"، بالتعاون مع "فرانسوا إنجليرت"، بجائزة نوبل في الفيزياء.**

مجـال هيجـز موجـود بشكل دائـم وموحـد ولا يتغيـر في كـل مكـان في الكـون، وهـذا يعني أن تأثيره علىٰ الأرض هـو نفـس تأثيره في كوكب زحـل وفي مجـرة " أندروميـدا "، وهــذا عكـس موجـات الراديـو والتلفزيـون، والمجال المغناطيسي للأرض، ومجال الجاذبية، وهي ليسـت ثابتة في كـل مكـان في الكـون. وهـذا يعني أنه يمكننـا القـول إن "مجـال هيجـز" مطبـوع بشكل لا يُمحَىٰ علىٰ نسيج الزمكان.

ومع ذلك، فإن جسـيم "بـوزون هيجـز" يختلـف تمامًا عـن أي جسـيم آخـر في الكـون؛ لأن جميـع الجسـيمات مـن إحدىٰ خصائصـها الـدوران. وبالإضافة إلىٰ كتلته وشحنته الكهربائية، فإن جسـيم هيجـز ثابـت ولا يـدور علىٰ نحو كامل. وهذا شكل جديد تمامًا مـن المـادة، لأن كل الجسـيمات الأخرىٰ الموجودة في الكون لها سمة الدوران.

آن الأوان لأقـول إننـي أعتقد أن الرياضيـات سيكون لهـا دائمًا قوة مذهلة في الكشف عن آلية الكون، وهـذا حقـق كثيرًا مـن الاسـتنتاجات، أو التنبؤات التي قدمها العديد من علماء الفيزياء؛ مثل اسـتنتاج بداية الكون من خلال الانفجار العظيم، واستنتاج وجـود الثقوب السـوداء منذ أكثر من 100 عام، والاستنتاجات حـول وجـود الطاقة السـلبية، والمـادة المضادة، والتنبؤ بوجـود جسـيم و مجـال هيجـز الخفـي، وغيرهـا الكثير مـن التنبـؤات التـي توصـل إليهـا العلمـاء مـن خـلال حـل المعـادلات الرياضية، وبعد ذلك تـم التأكد من صحتها بالأدلة والبراهين العلمية.

الفصل السابع

الظواهر الغريبة في ميكانيكا الكم: التّراكب، والتّشابك الكمي، وتأثير المراقب

من أغرب الأشياء التي يمكن أن تسمع عنها في حياتك هو سلوك الجسيمات الذرية في عالم الكم.

ميكانيكا الكم هي التي تفسر كل ما يحدث في الكون على المستوى الكمي (quantum level). وعندما نقول على المستوى الكمي؛ فإننا نعني أننا نتحدث عن أشياء صغيرة جدًا؛ مثل الذرات، والجسيمات دون الذرية؛ وهي التي يتكون منها كل شيء في الكون، بما في ذلك أجسادنا.

في عالم الكم، لا يوجد شيء مؤكد على الإطلاق. هذا ما يقوله مبدأ عدم اليقين (particle-wave duality) لهايزنبرج. وكأن الكون يتآمر علينا ليمنعنا من معرفة كل تفاصيل الجسيمات الكمية (وهي جزيئات صغيرة جدًا).

وهذا يعني، على سبيل المثال، أنه من المستحيل على أي شخص أن يحدد الموقع الدقيق للإلكترون في الذَّرَّة. كل ما يمكننا معرفته هو احتمال وجوده في مكان معين. إحدى غرائب ميكانيكا الكم هي ازدواجية الموجة والجسيم (particle-wave duality)، والذي يقول إن الأجسام الصغيرة هي جسيمات وموجات في الوقت نفسه.

هذا غير التشابك الكمي (quantum entanglement)، وهو ظاهرة الاتصال الفوري الذي يحدث بين الجسيمات المتشابكة "كُموميًّا"، بغض النظر عن المسافة بينها، حتى لو كان كل واحد منها موجودًا في طرف من

الكون. وهذا يعني أن هذا الاتصال يحدث بسرعة أكبر بآلاف المرات من سرعة الضوء أو بدون استغراق أي زمن على الإطلاق.

سأخبركم أيضًا قليلًا عن كيفية حدوث ذلك، دون انتهاك قانون السببية في نظرية النسبية الخاصة لأينشتاين.

وبسبب السلوك الغريب للجسيمات في عالم الكم، بدأت تظهر فرضيات تدفع الإنسان العقلاني إلى الجنون؛ منها على سبيل المثال تفسير العوالم المتعددة في ميكانيكا الكم، والذي يقول إن كل قرار تتخذه في حياتك يؤدي إلى حدوث انقسام للكون إلى أكوان أخرى. وفي كل كون أنا وأنت نتخذ قرارًا مختلفًا، سيكون عدد هذه الأكوان مساويًا لعدد القرارات الأخرى التي كان من الممكن اتخاذها، **حتى لو كان هذا لا يبدو منطقيًا تمامًا بالنسبة لك.**

لذلك دعني أخبرك أنه على الرغم من أن الأكوان المتعددة أو المتوازية لا تزال فرضية لم تثبت بالدليل العلمي؛ فإنها -في الوقت نفسه- ينتج عنها ظواهر فيزيائية غريبة في عالم الأجسام الصغيرة "وهو عالم الكم"؛ وذلك لأنه عندما بدأ الفيزيائيون بدراسة الأجسام الصغيرة (مثل الذرات، والجسيمات دون الذرية)؛ فوجئوا بأن الأشياء البسيطة المنطقية إلى درجة لا تقبل الشك التي يعرفونها، تصبح غير منطقية على الإطلاق في عالم الأشياء الصغيرة أو على المستوى المجهري.

لكي أوضح ما أعنيه، اسمح لي أن أطرح عليكم بعض الأسئلة:

- هل من الممكن أن تكون في مكانين مختلفين تفصل بينهما مئات الكيلومترات في اللحظة نفسها؟

حسنا!

- هل يمكن لجسمك الذي يتكون من ذرات من أن يصبح موجات مثل موجات الضوء؟

حسنا!

- **هل تستطيع التحرك في أكثر من اتجاه في الوقت نفسه؟**

هذه كلها أسئلة، الإجابة المنطقية عليها هي : **لا**.

ولكن إجابتها في عالم الأشياء الصغيرة أو عالم الكم هي : **نعم**.

وهذا يعني أن الجسيمات موجودة في أماكن مختلفة، وتكون عبارة عن جسيمات وموجات، كما أنها تتحرك في اتجاهات مختلفة في الوقت نفسه.

في هذا الفصل، سأخبرك عن اثنين من أساسيات وعجائب ميكانيكا الكم؛ وهما "التراكب الكمي" و "التشابك الكمي"، وهذا ما سيكون حافزا لعقول الفيزيائيين لعقود عديدة.

ولنبدأ بظاهرة الموضع الفائق الكمي أو التراكب الكمي (quantum super position)؛ لأن فهم التشابك الكمي يعتمد عليه.

دعني أخبرك أن الموضوع ليس سهلاً لنفهمه، لكني سأحاول تبسيطه قـدر الإمكـان. ودعنـي أذكـرك بمقولـة لريتشـارد فاينمـان "Richard Feynman" (وهـو عـالم فيزيـاء أمريكي قضىٰ حياتـه كلهـا في أبحـاث ودراسات ميكانيكا الكم)؛ إذ قال ما نصّه:

" أعتقد أنني أستطيع أن أقول الآن إنه لا أحد يفهم ميكانيكا الكم".

نحن هنا نتحدث عن عالم فيزياء حائز علىٰ جائزة نوبـل عـن إسهماته في ميكانيكا الكم نفسها. لقد أخبرك أنه لا أحد يفهم ميكانيكا الكم، بسبب مدىٰ غرابة سلوك الجسيمات.

دعنا نصل إلىٰ اتفاق: الجسيمات الكمومية هـي جسيمات دون ذرية سواء كانت فوتونات، أو مكونـات الـذَّرَّة، أو بروتونـات، أو نيوترونـات، أو إلكترونات، أو غيرها. وعندما نقوم بإجراء القياسات عليها، وأنت تعلم أنها مراقَبة؛ فهي تتصرف بشكل مختلف.

وقد ثبت ذلك في واحدة مـن أغـرب التجـارب التـي حيرت العلمـاء لسنوات. إنهـا تجربـة الشـق المـزدوج (double slit experiment). وأول من قام بهذه التجربة عام 1801 هو الفيزيائي الإنجليزي **"توماس يونج"**، وكان هدفه إثبات أن الضوء يتكون من موجات تشبه أمواج البحر، وكانت التجربـة أن أحضـر حاجزًا فيـه فتحتان صغيرتـان متوازيتان، ووجـه إليهما مصـدر الضـوء، وسـجل النتـائج علـىٰ لوحـة (شاشـة مراقبـة) خلـف هـذا الحاجز. وقال يونج إنه إذا كان الضوء يتكون من جسيمات، فسيظهر خطان

فقط مقابل الفتحتين الموجودتين في الحاجز، ولكن هذا ليس ما ظهر، وكانت النتيجة مثل ما توقعه يونج: ظهور العديد من الخطوط المضيئة والداكنة. وهذه النتيجة تثبت أن الضوء عبارة عن موجات. ونتيجة تداخل موجات الضوء؛ ظهر هذا النمط على اللوحة مكونا من عدة خطوط.

إلى هنا لا وجود لأي غموض، لكن اللغز بدأ في الظهور عام 1908، عندما كرر العالم "جيفري إنجرام" التجربة نفسها، لكنه استخدم فوتونًا واحدًا فقط؛ أي أنه كان يُطلِق جسيمًا واحدًا من الضوء في كل مرة على الحاجز ذو الشقين المتوازيين، وكان من المتوقع أنه –بعد إطلاق عدد كبير من الفوتونات– سيظهر خطان على الشاشة خلف الفتحتين؛ لأنه كان يطلق عليها جسيمًا واحداً في كل مرة؛ أي نقطةً نقطة. لكن ما كان مفاجئًا هو ظهور نمط يتكون من عدة خطوط أيضًا؛ أي أن هذا الجسيم المنفرد تصرف مثل الموجة، ومر عبر الشقين الموجودين في الحاجز في الوقت نفسه. لقد تداخل مع نفسه، وأنتج هذا النمط.

تم استخدام التجربة نفسها على الجسيمات التي هي الإلكترونات، وكانت المفاجأة أنهم وجدوا خطوطًا كثيرة بينها مسافات، ولا يمكن أن يحدث هذا النمط إذا كانت الإلكترونات مجرد نقاط أو جسيمات، ولكنها لا تنتج إلا إذا كانت الإلكترونات عبارة عن موجات يتداخل بعضها مع بعض، وينتج عن تداخلها العديد من الخطوط، لا خطّين مثلما كان متوقعًا. والأغرب أنهم وجدوا لو تم إطلاق إلكترون واحد؛ فإنه يمر عبر كلتا الفتحتين في الوقت نفسه، ومن ثم تتشكل موجتان تتداخلان معًا، ويظهر

نمط الموجات على شاشة الرصد. وهذا يعني أن الإلكترون يمكن أن يوجد في مكانين مختلفين في الوقت نفسه، ثم يتجمع بعد مروره من الثقبين مرة أخرى، وهذا التداخل هو ما يسمى "بالتراكب الكمي".

إذا لم تبهرك هذه الكلمات بما فيه الكفاية، دعني أبهرك وأخبرك عن الصدمة الكبرى. لقد رأى الباحثون في نتائج هذه التجربة ما يخالف التجارب السابقة، أي أن نتيجة التجربة تتغير بسبب تغيرنا نحن الذين نقيس سلوك الإلكترونات أثناء التجربة.

هذا يعني أنه لو وضعنا كاميرا مثلا قبل الحاجز؛ لكي نراقب حركة الإلكترونات، فنحدد عدد الجسيمات التي سوف تمر من كل شِق؛ عندئذ سوف تظهر نتيجة ما. وإذا لم نراقب التجربة من خلال وضع جهاز قياس موضوع قبل الحاجز؛ ستكون النتيجة مختلفة، وكأن الجسيمات تعرف أنها مراقَبة، فتغير سلوكها.

هذا يعني أنه لو وضعنا جهاز قياس قبل الحاجز؛ ستظهر الإلكترونات على شاشة الرصد على شكل جسيمات أو نقاط، ويظهر خطان متقابلان يتوافقان مع الفتحتين الموجودتين في الحاجز، ويحدث ما يسمى انهيار الدالة الموجية (particle-wave duality). لكن إذا لم يكن لديك جهاز قياس، وإذا لم يقم أحد بقياس أو تسجيل التجربة، تقرر الإلكترونات أن تظل على هيئة موجات، ويظهر نمط أو نتيجة مختلفة للتجربة، مكونة من خطوط كثيرة بينها مسافات، وهذا يكون نتيجة تداخل الموجات الناتجة عن

الخاصية الموجية للجسيمات. وتسمىٰ هـذه الظـاهرة "تأثير المـراقبين" (observers effect).

هل أنت قادر علىٰ إدراك معنىٰ هذا؟

هـذا يعنـي أن الجسـيمات لهـا كلتـا الخاصـيتين؛ أي أنهـا جسـيمات وموجـات في الوقت نفسـه، وبمجـرد قياسـها اختارت أن تظل جسـيمات، وهذه الخاصية تسمىٰ ازدواجية المـوجة والجسيم particle-wave duality وهذا يعتبر السبب الرئيس في إنشاء ميكانيكا الكـم، وظهـور عصـر جديد في الفيزياء.

في عام 1926، توصل الفيزيائي النمسـاوي "إر فين شـرودنجر" إلىٰ واحـدة مـن أهـم المعـادلات في تـاريخ ميكانيكـا الكـم، أسـماها معادلـة شـرودنجر (Shrodenger equation). وهـذه المعادلـة لا تقـل أهميـة عـن قوانين نيوتن لحركة الأجسام الكبيرة في الفيزياء الكلاسيكية.

معادلة شرودنجر هي معادلة موجية تتنبأ باحتمـالات- وضع تحت كلمة "احتمالات" مائة خط- النتائج المتعلقة بسلوك الجسيمات في النظام الكمـي. وأعني مـثلا أنـه يمكنـك -مـن خـلال هـذه المعادلـة- حسـاب احتمالات وجود الإلكترون في زمان ومكان محددين في الذَّرَّة.

يقول بعض علماء الفيزياء إننا علىٰ يقين مـن حدوث شيء مريب في التراكب (superposition)، لكن لا يُسمح لنا أبدًا بقياسها، وهذا ما يجعل ميكانيكا الكم شيئًا أغرب من الخيال.

ولا يقتصر الأمر على هذا؛ فكل جسيم يدور في اتجاهات مختلفة في الوقت نفسه. كذلك فهو موجود في أكثر من مكان داخل الذَّرَّة في الوقت نفسه، ولكنه يختار مكانًا محددًا بمجرد قياسه. وقد أُجريت هذه التجربة على النيوترونات والفوتونات والذرات وبعض الجزيئات، وتبين أن لديها جميعًا نفس الخاصية الموجية.

هذا يعني أن كل المادة الموجودة في الكون هي عبارة عن جسيمات وموجات، بما في ذلك أجسادنا.

ولكن لكي نرى أجسادنا تتصرف كالموجات، أي تنتشر في أكثر من مكان في الوقت نفسه مثل الضوء، وليست مجرد جسم صلب مكون من جسيمات عبارة عن نقاط فقط؛ فإنه يجب أن نحضر إنسانًا، ونجري عليه تجربة الشق المزدوج، باستخدام فتحتين صغيرتين جدًا مساويتين للطول الموجي الصغير جدا لجسمنا، وسنكون بحاجة إلى فتحتين: اتساع كل واحدة منهما تساوي 10^{-36} **من المتر؛ أي تريليون على تريليون على تريليون من المتر، ونمرر منها إنسانًا، وهذا مستحيل بالطبع.**

ولنصل الآن إلى الجزء الممتع من موضوع الظواهر الغريبة لسلوك الجسيمات الكمومية، بما في ذلك ظاهرة التراكب الكمي الذي تحدثت عنه وجعل الفيزيائيين يجهدون أدمغتهم لسنوات للتوصل إلى تفسير للأشياء الغريبة التي تحدث على المستوى الكمي.

ومن أشهر التفسيرات التي توصلوا إليها هو "تفسير كوبنهاجن" Copenhagen interpretation. وهو تفسير اقترحه اثنان من أهم علماء

الفيزياء الـذين أسسـوا ميكانيكـا الكـم في عـام 1926: "نيلـز بـور" و "فيرنـر هـايزنبرج". ولكـن قبـل أن أخـبرك بهـذا الشـرح، أريـدك أن تتنـاول قرصًـا احتياطيًا من مسكنات الألم حتىٰ لا يصدمك ما سوف تسمعه.

يقول "تفسير كوبنهاجن" إن سبب هـذه الظـاهرة الغريبـة أنـه لا يوجد جسيم كمي يكون في حالة واحدة ومكـان واحـد، ولكنـه سيكـون في جميـع حالاته وأماكنه المحتملة في الوقت نفسه، وعندما نراقبه تنهار حالة التراكب الكمي الموجودة، ويضطر الجسيم إلىٰ اختيـار احتمـال واحـد فقط، وهـذه هي الحالة التي نلاحظها في كل مرة.

إن مجموع جميع الحالات الممكنة التي يمكن أن يوجد فيها أي كائن هـو مـا يشكل الدالـة الموجيةالخاصـة بـه؛ وهـو ممـا يعني أن كل كـائن لـه دالة موجية خاصة به، تحتـوىٰ علـىٰ كـل الإمكانات التـي يمكـن أن تحدث له.

وكان هذا التفسـير هـو السـبب وراء إحـدىٰ أشـهر التجـارب الفكريـة: "قطة شرودنجر "Schrodinger's cat".

ما حكاية هذه القطة؟

شرودنجر تخيل أنه إذا أحضرت قطة، ووضعتها في صندوق مغلق، بـه غـازًا سـامًا بـداخل قنينة زجاجيـة، كمـا يوجد أيضًـا بـداخل الصـندوق ذرة عنصر مشعة، وهناك احتمال بنسبة 50٪ أن هذه الذرة سوف تتحلل، و50٪ أنها لا تتحلل.

في حالة تحللها؛ فإن جهاز قياس الإشعاع المتصل بمطرقة سوف يكسر الزجاجة التي تحتوي على الغاز السام، ثم تموت القطة على الفور. بمعنى آخر، فإن احتمال موت القطة قائم بنسبة 50٪، واحتمال عدم موتها قائم بنسبة 50٪ أيضا.

حسنًا! لقد أخبرك شرودنجر -حسب تفسير كوبنهاجن- بأنه قبل أن نفتح الصندوق، وننظر إلى القطة لنعرف هل كانت القطة حية أم ميتة، أنها تكون حاضرة في الحالتين؛ أي حية وميتة في الوقت نفسه. وهذه هي حالة التراكب الكمي "superposition"؛ فبمجرد أن نفتح الصندوق؛ تنهار حالة التراكب، وتختفي كل الاحتمالات الأخرى، وتظهر حالة واحدة فقط هي التي نرصدها، فتكون حية فقط أو ميتة فقط.

ظاهرة التراكب الكمي أدت إلى الكثير من الفرضيات، بما في ذلك تفسير العوالم المتعددة (many world interpretation), الذي يقول إن الكون بأكمله، بما في ذلك أجسادنا، يتكون من جسيمات كمية تتصرف بطريقة خارجة عن المنطق والمألوف، وأن الواقع "reality" الذي نعيشه مختلف تمامًا عن الحقيقة؛ وذلك لأنه إذا قمت بقياس جسيم في حالة التراكب التي تحدثت عنها، ويكون موجودًا في أكثر من حالة، وأكثر من مكان في اللحظة نفسها؛ فإن الجسيم سينتقل من جميع الأمكنة والحالات المختلفة الموجودة في عدد لا نهائي من الاحتمالات، إلى حالة واحدة و مكان واحد فقط، وحينها ينفصل الكون إلى أكوان أخرى، يكون في كل منها أحد الاحتمالات الأخرى التي حدثت.

تخيل مثلا أن نتيجة الثانوية العامة تظهر، وتحصل أنت على 98٪، في حين يكون هناك نسخة أخرى منك في كون آخر يرسب في مرحلة الثانوية، أو أن هناك كونًا أنت فيه واشتريت هذا الكتاب وقرأته، وهناك كون آخر واشتريت كتابًا آخر، وهناك كون ثالث أعجبك فيه الكتاب، وهناك كون رابع لا تحب فيه قراءة الكتب. وهكذا، هناك ما لا نهاية من الاحتمالات. وهذا كله لم يحدث بسبب قراراتك فقط، بل بسبب قرارات كل شخص عاش يومًا ما على كوكب الأرض. وكما قلت فإنه يتم وصف التراكب الكمي بوساطة دالة موجية، فهو يصف كل الاحتمالات التي يمكن أن تحدث.

وإذا كان هذا صحيحًا، فسيكون صحيحًا أنه إذا اتخذت قرارًا خاطئًا من قبل في حياتك؛ فإنه يمكنك -بعد ذلك- أن تريح ضميرك؛ لأنك في الوقت الذي اتخذت فيه ذاك القرار، أصبح الكون منقسمًا إلى كون آخر، في نسخة أخرى منك، وأنك اتخذت القرار الصحيح في الوقت نفسه، ولكن في كون آخر.

حتى لو لم تكن سعيدا الآن؛ فربما كان هناك نسخة أخرى منك سعيدة في كون آخر.

كن طيب القلب، وتمنَّ الخير للآخرين يا أخي!

بالطبع هذه كلها مجرد فرضيات حتى الآن، وهي تُستنتج من القول بالخصائص الغريبة للجسيمات. وهذا يقودنا إلى فرضية أخرى، هي

التفسير الكوني (cosmological interpretation) في ميكانيكا الكم الذي يقول **إن تفسير العوالم المتعددة سوف يكون صحيحا في حالة واحدة فقط، وهي إذا كان حجم الكون كبيرًا بلا حدود؛** لأنه –على سبيل المثال– سيكون هناك عدد لا نهائي منكم يقرأون هذا الكتاب، ومن هذا العدد اللانهائي جزء منه سيعجبه الكتاب وسيوصي به أصدقاءه، وجزء آخر لن يعجبه الكتاب، ولن يشارك خبرته مع أحد، لكن هذا عدد ضئيل بالطبع، وفي هذه الحالة سيكون هو الخاسر!

ولسوء الحظ، لا توجد تجربة يستطيع العلماء من خلالها تأكيد وجود هذه الأكوان المتعددة التي تنتج عن كل فعل يمر به كل كائن حي في حياته، أو قرار يتخذه، ولهذا ستبقىٰ تلك الأكوان المتعددة مجرد فرضيات لا يمكن إثباتها بأداة علمية بحيث تقبل الصواب أو الخطأ.

تعالوا الآن أحدثكم عن ظاهرة ثانية غريبة في عالم الكم، لا تقل غرابة عن سابقتها، وكانت سببًا لوقوع خلاف بين اثنين من أعظم الفيزيائيين: ألبرت أينشتاين (أعظم عالم في تاريخ الفيزياء)، و إرفين شرودنجر (أعظم الفيزيائيين الذين أسسوا نظرية الكم).

هذه الظاهرة هي التشابك الكمي (quantum entanglement)، وهي ظاهرة سوف تجعل دماغك يدور حول نفسه كالكرة الأرضية!

إن هذا سيجعلك تعيد التفكير في مكونات الكون.

ظاهرة التشابك الكمي تحصل عندما يرتبط أو يتشابك جسيمان معًا. وسأخبرك كيف تمكن العلماء من إنتاج جسيمات متشابكة، ولكن بعد قليل.

الجسيمان المتشابكان هما اثنان من الإلكترونات أو الفوتونات، وعندما ينفصلان، يحدث شيء غريب جدًا، وهو أنه بغض النظر عن بُعد أحدهما عن الآخر؛ فإنهما يظلان متصلين معا، تمامًا كما لو أنهما لا يزالان معًا!

تخيل أنه إذا تم إنتاج إلكترونين متشابكين؛ فإن محصلة النظام الكمي بالنسبة لهما يجب أن تكون صفرًا. وهذا يعني أن كل واحد منهما له خاصية الدوران عكس الآخر؛ فأحدهما يكون اتجاه دورانه للأعلىٰ والآخر يدور للأسفل. وهذا يعني أنه إذا كان الإلكترون الأول يدور للأعلىٰ، فالآخر يستمر في الدوران إلىٰ الأسفل والعكس بالعكس صحيح. ثم إنك إذا فصلتهما، ووضعت أحدهما علىٰ الأرض، والآخر علىٰ مجرة المرأة المسلسلة مثلا، ولا نعرف أيهما يتحرك إلىٰ الأعلىٰ وأيهما يتحرك إلىٰ الأسفل؛ فالغريب في الأمر أنك إذا عرفت اتجاه دوران أي إلكترون منهما؛ ستتمكن من معرفة اتجاه دوران الآخر، وسوف تعرفه علىٰ الفور من دون رصد الجسيم الثاني، فإذا نظرت إليه ستجده يدور في عكس اتجاه الجسيم الأول أي إلىٰ الأسفل، وكأن كل جسيم يرسل بياناته إلىٰ الآخر، بحيث يختار الحالة المعاكسة له.

يمكننا القول إن خلاصة هذا الموقف المحير هو أنه عندما يتشابك جسيمان، وبعد ذلك، نفصل أحدهما عن الآخر؛ تصبح حالاتهما الكمومية متصلة بقوة موحدة. ومن ثَمَّ تؤثر قياسات أحد الجسيمين تلقائيًا على الجسيم الآخر، بغض النظر عن مدى بُعد أحدهما عن الآخر.

ستقول لي: **أين المفاجأة؟**

إني إذا أتيت بشيئين يدوران في اتجاهين متعاكسين، فمن الطبيعي أنه عندما أعرف اتجاه دوران واحد، فإن الآخر سيكون عكس ذلك بالتأكيد!

وهذا بالضبط ما قاله أينشتاين اعتراضًا على هذا التفسير لميكانيكا الكم حول التشابك الكمي، وقال إنه لا يوجد شيء غريب. كأنك تمتلك قفازين، ووضعت كل واحد منهما في صندوق، وأرسلته إلى بلد مختلف، وبطبيعة الحال فإنك إذا فتحت صندوقًا منهما وعرفت أيهما الأيمن فستعرف أيهما الأيسر، حتى بدون أن ترى القفاز الآخر.

دعني أخبرك أنه على الرغم من أن ما تقوله قد يبدو منطقيًا؛ فإن القياس المنطقي هنا خاطئ، وإن هناك فرقًا كبيرًا جدًا بين القفاز والجسيمات المتشابكة كُموميًّا؛ وذلك لأن كل واحد من القفازين سيبقى في شكل ثابت طوال الوقت، أي أن الأيمن سيظل هو الأيمن، والأيسر سيظل كما هو الأيسر.

دعني أخبرك أن هذا لا ينطبق على العالم الذري، مثل الفوتونات والإلكترونات وغيرها، على سبيل المثال؛ وذلك لأنه كما قلنا -منذ قليل-

فإن الجسيمات الذرية تكون دائمًا في حالة تراكب كمي، وهذا ما يجعل التنبؤ باتجاه دوران الجسيمات مستحيلاً؛ لأن كل جسيم فيها قبل رصده يكون في حالة دوران في كل الاتجاهات في الوقت نفسه، على شكل موجة من الاحتمالات. السبب في هذا -كما قلنا- هو أن قياسنا للجسيمات، في حال تأثير المراقِب، يؤثر في طريقة تصرفها، وبمجرد قيامنا بالقياس؛ تتحول الجسيمات إلى مجرد جسيمات، ولهذا يختلف التشابك الكمومي عن مثال القفازات.

وقد ثبت ذلك من خلال واحدة من أغرب التجارب الفيزيائية التي صدمت نتائجها العلماء لسنوات. إنها تجربة الشهيرة المسماة "تجربة الشق المزدوج" (double slit experiment)، وسبق الإشارة إليها، وفيها أثبتوا أن الجسيمات وهي "الإلكترونات أو الفوتونات" مثلا، أو حتى الذرات نفسها تشكل جسيمات وموجات في الوقت نفسه.

ويتم ذلك وفقًا لظاهرة التراكب الكمومي في الجسيمات أيضًا؛ فهو موجود في جميع الحالات والأماكن الممكنة داخل الذَّرَّة في الوقت نفسه، ولكنه يختار مكانًا محددًا بمجرد قياسه.

لقد تم إجراء هذه التجربة على النيوترونات، والفوتونات، والذرات، وبعض الجزيئات، واتضح أن لديها جميعًا ميزة التراكب الكمي (superposition quantum). وهذا يعني أنها تكون في أكثر من حالة في الوقت نفسه، إلى أن ننظر إليها أو نقيسها، فحينئذ تختار الحالة المحددة التي نراهما عليها.

دعونا نعود إلىٰ الإلكترونين المتشابكين، ونرىٰ سبب اختلافهما عن مثال أينشتاين للقفازين.

طبقًا لظاهرة التراكب الكمي، وتأثير المراقِب في الإلكترونين المتشابكين (اللذين كنا نتحدث عنهما)، كان كل واحد منهما يدور في كلا الاتجاهين، لأعلىٰ ولأسفل، عندما فصلنا أحدهما عن الآخر في الوقت نفسه، وذلك قبل أن ننظر إلىٰ أي منهما، ونرىٰ اتجاه دورانهما.

هل تفهم ما معنىٰ هذا؟!

هذا يعني أنه إذا نظرنا إلىٰ الإلكترون الذي افترضنا وجوده معنا هنا على كوكب الأرض في ذلك الوقت، فإنه سيختار اتجاهًا محددًا للدوران في اللحظة التي نقيسه فيها. ووقتها سيتم إجبار الإلكترون الثاني الذي افترضنا وجوده في مجرة أخرىٰ أصلا، والذي كان يدور في الاتجاهين أن يختار الاتجاه المعاكس لدورانه، ويحدث هذا علىٰ الفور؛ وهذا مما يعني أننا عندما نقيس إلكترونًا منهما؛ نؤثر في الإلكترونين معًا في اللحظة نفسها. وهذا يعني كذلك أن الإلكترون الذي قمنا بقياسه قد نقل اتجاه دورانه إلىٰ الإلكترون الآخر، حتىٰ يتمكن من الدوران في الاتجاه المعاكس بشكل فوري بمجرد قياسه، حتىٰ ولو أن كل إلكترون فيهما كان علىٰ طرف واحد من الكون، أي علىٰ بعد 92 مليار سنة ضوئية من الآخر، أي بسرعة أكبر بآلاف المرات من سرعة الضوء، أي في "اللازمان".

هذه هي ظاهرة التشابك الكمي (quantum entanglement) كما سماها أحد أعظم مؤسسي ميكانيكا الكم: "إرفين شرودنجر"، الذي وصفها بأنها أحد أهم جوانب ميكانيكا الكم، وقال إن وجودها يشكل قطيعة تامة مع الفكر الكلاسيكي.

وهذه الظاهرة جعلت المجتمع العلمي يتوقف حرفيًا "على رجلٍ واحدة" مثلما يقول المثل؛ لأن هذا يعني أن العالم الكمي فيه أشياء يمكنها التحرك بسرعة أكبر من سرعة الضوء.

عندما نقول أسرع من سرعة الضوء؛ فهذا يتعارض مع نظرية جوهرية تعرفونها جيدا؟

نعم! نظرية النسبية الخاصة لألبرت أينشتاين.

في نظرية النسبية الخاصة لألبرت أينشتاين أثبت عام 1905 أن السرعة القصوى لأي جسم في الكون مهما كانت سرعته هي سرعة الضوء، ومن المستحيل لأي جسم أن يتجاوز سرعة الضوء وهي 300 ألف كيلومتر في الثانية.

وهذا يعني أن تجاوز سرعة الضوء يعد من "المحرمات" في الفيزياء.

وبطبيعة الحال، لم يعجب أينشتاين بالقول بوجود سرعة تجاوز سرعة الضوء، فبدأ بمعارضة ميكانيكا الكم وانتقادها جهرًا وبلا خفاء.

كان هناك خلاف كبير جدًا على مدار سنوات طويلة بين أينشتاين والعديد من علماء الفيزياء الذين كانوا يعملون على نظرية الكم. وقد بدأت

القصة عام 1935 عندما كان ألبرت أينشتاين يقوم بتجربة ميكانيكا الكم، وأراد أن يثبت أنها غير مكتملة وبها ثغرات، وقام بنشر ورقة بحثية بالتعاون مع عالمين آخرين هما **"بوريس بودولسكي" و"ناثان روزين"**، وكان البحث يدور حول ظاهرة التشابك الكمي. وقد أطلق أينشتاين على هذا البحث اسم **"EPR"**، وهو اختصار للاسم الثاني من الأسماء الثلاثة للعلماء المشاركين في البحث.

وقد وصف أينشتاين آنذاك وبطريقة ساخرة تفسير ميكانيكا الكم لظاهرة التشابك الكمي بأنه "حدث مخيف يحدُث عن بُعد". وكان غرضه في البحث التدليل على أن نظرية الكم غير مكتملة، لأنه لا شيء في الكون يمكن أن يتجاوز سرعة الضوء، على نحو ما أثبت في نظريته النسبية الخاصة، وأن الفكرة العامة حول خصائص الأجسام الكمومية من حيث إنها غير محددة حتى يتم قياسها –هو شيء غير منطقي بالمرة. ومن المؤكد أنه قبل أن يتم فصل هذه الجسيمات بعضها عن بعض، يتم –داخل كل واحدة منها– تخزين البيانات التي ستحدد اتجاه دورانها مسبقًا. وهذا يعني أنها تعرف اتجاه دوران بعضها وبعض، ويتم برمجتها مسبقًا قبل أن يتم الفصل بينها.

وهنا يبدو أينشتاين وكأنه أخرج مدفعًا وضرب به ميكانيكا الكم. ولكن بعد ذلك جاء الفيزيائي الدنماركي "نيلز بور" (أحد أبرز مؤسسي ميكانيكا الكم)، وقال إن بحث أينشتاين "EPR" حول التشابك الكمي

خاطئ، وفي الواقع فإن التشابك بين الجسيمات يخلق علاقة غريبة بينها تسمح لها بالتواصل مع بعضها وبعض على نحو فوري، بغض النظر عن المسافة بينها، وهذا أمر يجب أن نتقبله في الواقع الذي نعيش فيه.

في ذلك الوقت، لم يتمكن المجتمع العلمي من الانحياز التام لأحدهما وتأكيد أنه على حق، وانقسمت الآراء بين مؤيد ومعارض:

☞ **هل من الصواب القول بأن اتجاه دوران الجسيمات المتشابكة كان ثابتًا قبل أن نقوم بقياسه، مثلما يقول أينشتاين وزملاؤه؟ أم إن كل جسيم يدور في الاتجاهين في الوقت نفسه، ويختار اتجاهًا واحدًا بمجرد قياسه مثلما يقول نيلز بور؟**

واستمر هذا الخلاف 30 عاما؛ لأنه لم تكن هناك طريقة علمية يستطيع العلماء -من خلالها- تحديد أيهم على حق، إلى أن جاء عام 1964، عندما استطاع الفيزيائي الأيرلندي **"جون ستيوارت بيل"** أن يتوصل إلى طريقة رياضية يمكن للعلماء استخدامها بعد ذلك في تجاربهم، لتحديد التفسير الصحيح فيما يتعلق بالتشابك الكمي، ويطلق على الطريقة الرياضية اسم **"متباينة بيل".**

ما كان مفقودًا هو أن يقوم العلماء بتصميم تجربة مناسبة على الجسيمات المتشابكة الكمومية، ثم يكررونها عدة مرات، ويضعون النتائج في **"متباينة بيل"**، وعندها سيكونون قادرين على معرفة التفسير الصحيح.

هنـا يـأتي دور العلمـاء الثلاثـة: النمسـاوي **"أنطـون تسـايلنجر"**، والأمريكي **"جون كلاوسر"**، والفرنسي **"آلان إسبي"** الـذين قـرروا أنهـم يقـومون بتجارب عديدة، ويضعون نتائجهم في متباينة بيل، للتأكد مـن أنهـم سيصلون في النهاية إلىٰ تفسير صحيح.

لقد أجروا العديد من التجارب علىٰ الجسيمات المتشابكة الكمومية، وخاصة الفوتونات. وفي بعض هـذه التجارب قـرر **"أنطـون تسـايلنجر"** أن يحصـل علـىٰ زوج مـن الفوتونـات مـن مصـدر واحـد، وزوج آخـر مـن الفوتونـات، ولكن من مصدر مختلف، واستطاع أخـذ فوتـون مـن المصـدر الأول، وفوتـون مـن المصـدر الثاني، وتحقيـق ظاهرة التشـابك الكمـي لفوتونين قادمين من مصدرين مختلفين.

والغريب أنه وجد أن الفوتونين اللذين تركهمـا منفـردين مـن دون أن يُحـدِث لهمـا تشابكًا كمّيًّا قد ظلا علىٰ اتصـال بينهمـا، كمـا حققـا التشـابك الكمـي، وأصبـح قيـاس أحـد جسيماتها يؤثر في حالة الجسـيم الآخـر علـىٰ الفور.

ومن خلال التجارب، واستخدام متباينة "بيـل"، تبين أن هنـاك علاقـة ارتباط لا شك فيها بين النتائج وتأثير القياسات. ويعـود تأثير القياسات إلـىٰ أنها تمكنت من التنبؤ بنتائج بشكل أكثر دقة في كلتـا الحـالتين. وهـذا يفـوق أكثر مما توقعته أي نظرية أخرىٰ مبنية علىٰ متغير خفـي. وقـد ثبـت صـحة تفسـير ميكانيكـا الكـم للتشـابك الكمـي، وخطـأ اينشتاين في "EPR"، وتـم

التأكد من أن الجسيمات تكون موجودة بالفعل في جميع الحالات، وتتأثر بملاحظتنا أو قياسنا إياها، ووقتها فقط تقوم الجسيمات باختيار خصائص محددة من الاحتمالات التي كانت عليها قبل رصدنا إياها.

عليك فقط اختيار خصائص محددة من الاحتمالات التي كانت موجودة قبل أن ترصد السبب.

هذا يعني أن الجسيمات المتشابكة الكمومية يتواصل بعضها مع بعض على نحو فوري تقريبًا، بغض النظر عن المسافة بينها، وأنها لا تملك معلومات مخزنة داخلها مسبقًا قبل أن ينفصل بعضها عن بعض.

تم اختبار هذا معمليا في التجارب، وأصبح ثورة في التشابك الكمي وميكانيكا الكم. وقد أعلنت الأكاديمية الملكية السويدية للعلوم في ستوكهولم، يوم الثلاثاء 4 أكتوبر 2022 عن أن جائزة نوبل في الفيزياء لعام 2022 **من نصيب الثلاثي "جون كلاوسر"، و"أنطون تسايلنجر، و"آلان أسبي" لأبحاثهم في مجال ميكانيكا الكم.**

والحقيقة أن تجارب العلماء الثلاثة المختصين في ظاهرة التشابك الكمي فتحت فرعًا جديدًا تمامًا في نقل المعلومات، وتطوير تقنيات جديدة متخصصة في الحواسيب الكمومية والتشفير الكمي الذي لا يستطيع أحد اختراقه، وذلك لأنه نظام مبني على هذه الظاهرة الفريدة. ولا يقتصر الأمر على نقل المعلومات فحسب، لكنه يفتح الطريق أمام العديد من العلماء

لبدء عصر جديد يعتمد على تخزين البيانات، وحفظها بطريقة جديدة تمامًا من خلال أجهزة الكمبيوتر الكمومية.

وفي عام 2018 تم تنفيذ إحدى التجارب، تطبيقًا لهذه الظاهرة في نقل المعلومات، عندما استخدم العلماء القمر الصناعي الكمي (quantum satellite) لاستقبال وإرسال المعلومات من الصين إلى النمسا على مسافة 7600 كيلومتر، وكانت تجربة ناجحة للغاية.

وفي التقرير الذي نشرته الأكاديمية الملكية السويدية عن اكتشافات علماء من الدول الثلاث، أشارت إلى أن الثورة الأولى في ميكانيكا الكم تمثلت في اكتشافات مهمة؛ مثل: الليزر والترانزستور، لكننا نعيش حاليًا حقبة جديدة من الثورة الجديدة التي ستعتمد على المعلومات الكمية.

دعني آخذك إلى المنطقة التي ستشهد ثورة من خلال التشابك الكمي، والتراكب: "الحاسوب الكمي".

من المعروف أن الحاسوب العادي الذي يعمل بترانزستور يستخدم خاصية البت الثنائي، والذي يعتبر رمزًا يتكون من رقمين 0 و1، ويمكن لهذا الرمز أن يمثل أي بيانات يتم تخزينها في الحاسوب أو استخراجها منه، ويمكن للحاسوب التعرف عليها، وهذا ما يستخدمه في أي عملية.

أما بالنسبة للحاسوب الكمي فإننا نستخدم البت الكمي "Quantum bit" أو "Qbit". هنا نظل نستخدم 0 و1، لكنهما يكون لديهما في Qbit

عدد كبير من الاحتمالات؛ وذلك لأن المادة التي تُصنع منها "الكيوبت" تخضع لقوانين ميكانيكا الكم.

ولعلك ستسأل: حسنًا! وما الفائدة منه؟

سأخبرك أن هذا يسرِّع بشكل كبير من عملية نقل المعلومات؛ فإن حاسوبًا كميًا واحدًا فقط سيكون أسرع بمقدار 158 مليون مرة من أكبر حاسوب عملاق نعرفه على وجه الأرض؛ وذلك لأن أي حاسوب لديه احتمالان فقط، ولا يمكنه الخروج من هذين الاحتمالين: إما 0 وإما 1، وذلك بخلاف "الكيوبت" الموجود في الحاسوب الكمي؛ فهو يحتوي على العديد من الاحتمالات بين 1 و0، ويمكنك اختبار أكبر عدد ممكن من المعلومات منها في الوقت نفسه، بسبب التشابك الكمي والتراكب الكمي.

أعني يا صديقي أنه إذا كان لدينا متاهة وطرق عديدة ونريد حلها، سيستمر الحاسوب العادي ذو البت العادي في السير في جميع مسارات المتاهة، وتجربة جميع المسارات الممكنة حتى يصل إلى الحل، في حين أنه إذا كان لديك المتاهة نفسها، ويتعين على الكمبيوتر الكمي حلها؛ فإنه يسير في جميع المسارات في اللحظة نفسها، ويعرفها جميعًا، ويحدد كيفية إنهاء الطريق خارج المتاهة على الفور.

إن هذا يشبه الوضع حين تبحث عن شقة صديقك في عمارة كبيرة، وتجد نفسك قادرا على فتح كل الأبواب مرة واحدة، فتعرف أن صديقك يسكن في آخر شقة مثلا.

بالإضافة إلى ما سبق من إمكانات، فإن التشابك الكمي يتم استخدامه في تشفير البيانات الكمومية بطريقة تجعلها قادرة على اكتشاف أي اختراق على الفور، وتعرف أن الرسالة لم تكن آمنة عند تسلمها. وهذا هو السبب وراء استخدام الفوتونات المتشابكة الكمومية في الألياف الضوئية، وإشارات الأقمار الصناعية لإرسال رسائل حساسة من خلالها، يمكن اكتشاف ما إذا كان أحد قد قام بفتحها قبل تسلمها أم لا.

كل هذا سيتم في "الإنترنت الكمومي" (quantum internet) الذي لا يزال العمل جاريا على تطويره. والحقيقة هي أن الحديث عن ثورة "الحاسوب الكمومي" القادمة ستكون كبيرة، ولكن سيكون هناك بعض العقبات التي لا يزال العلماء يحاولون التغلب عليها؛ مثل: ضرورة عزل هذه الأجهزة على نحو جيد، ويستخدم لها تبريد عالٍ جدًا، لأن الحرارة المتولدة منه ستكون عالية، بالإضافة إلى الأمر الأكثر أهمية وهو الحفاظ على عملية التراكب الكمي، لأنه إذا تأثرت الفوتونات، أو الجسيمات التي تقوم بهذه العملية بفوتون أو جسيم آخر، فلن تكون هذه العملية قائمة.

ستقول إن نظرية النسبية الخاصة تبين أنها خاطئة، وإن هناك جسيمات دون ذرية يتواصل بعضها مع بعض بسرعة أكبر من سرعة الضوء؟

سأقول لك أيضا: لا!

النسبية الخاصة صحيحة أيضًا، ولا يمكن لأي شيء في الكون أن يتجاوز سرعة الضوء.

ستقول: "إنك حيرتني بشأن كيفية تبادل هذه الجسيمات للمعلومات فيما بينها على نحو فوري، حتى لو كانت على بعد مئات السنين الضوئية؛ كيف لا تتجاوز سرعة الضوء؟"

المشكلة في فهم هذا الموضوع هي أنه من الصعب علينا أن نفهمه بتفكيرنا التقليدي، وهذا ما جعل واحدًا من أكثر الأشخاص عبقرية في التاريخ مثل أينشتاين غير قادر على إدراك مدى الغموض والغرابة في خصائص الجسيمات الذرية. والسبب هو أن أينشتاين تعامل مع الجسيمين المتشابكين بوصفهما جسيمين منفصلين، وفي هذه الحالة يحتاجان إلى سرعة تفوق سرعة الضوء بآلاف المرات؛ لكي يؤثر بعضها في بعض على الفور، لكن الحقيقة هي أن الجسيمين المتشابكين يعتبران جسيمًا واحدًا، لكنها مقسمان بين مكانين مختلفين. وعلى الرغم من بُعد المسافة بينهما؛ فإن كليهما يشتركان في الدالّة الموجية نفسها. وهذا يعني أن الجسيمين المتشابكين يشتركان في وظيفة موجية "wave function" واحدة تجعل كلا منهما يعرف خصائص الآخر على الفور.

والخلاصة أن الأنظمة المتشابكة ما زالت غير متعارضة مع نظرية النسبية الخاصة، من حيث السرعة القصوى للأجسام الموجودة في الكون وهي سرعة الضوء.

كيف يمكن للعلماء إذن إنتاج جسيمات متشابكة؟

أبسط طريقة لإنتاجها هي أن يصنع الباحثون زوجًا من الفوتونات (وهي جسيمات الضوء) في قفزة كمومية واحدة.

علي سبيل المثال فإنه عندما تأخذ الذَّرَّة طاقة إضافية، هذا يجعلها تنتج فوتونين في المرة الواحدة، وكأنها أنجبت توءمًا بهذا الشكل، أو بتقسيم الفوتون الواحد إلىٰ اثنين، أو عن طريق تبريد الجسيمات، ووضعها بالقرب من بعضها بدرجة كافية، بحيث تتداخل حالاتها الكمومية، أو من خلال بعض العمليات دون الذرية؛ مثل "الاضمحلال النووي"، وهي العملية التي تُنتج تلقائيًا جسيمات متشابكة؛ هذا بالإضافة إلىٰ العديد من الطرق الأخرىٰ.

الفصل الثامن

نظرية الأوتار الفائقة

ظل لدىٰ كل الفيزيائيين -لعقود من الزمن- هدف كبير؛ وهو أن يتوصلوا إلىٰ نظرية أو معادلة رياضية واحدة تجمع القوىٰ الأساسية الأربعة للطبيعة: قوة الجاذبية، والقوة النووية الضعيفة، والقوة الكهرومغناطيسية، والقوة النووية القوية.

نظرية واحدة فقط، أطلقوا عليها اسم **"نظرية كل شيء"**، يرون أنها ستكون قادرة علىٰ حل جميع ألغاز الفيزياء، ووصف الكون بشكل كامل ومتسق، علىٰ المستويين المجهري والعياني، لكنهم لم يتوصلوا إلىٰ هذه النظرية "الموحدة" حتىٰ الآن، وبقي لدينا نظريتان "متكاملتان" تعتبران من ركائز أو أعمدة الفيزياء الحديثة تفسران كل شيء أو ما يحدث في الكون.

النظرية الأولىٰ: "نظرية النسبية"؛ **وهي تفسر قوة الجاذبية، وتخلق الإطار النظري لفهم العالم في أبعاده الكبيرة مثل النجوم والمجرات ومجموعات المجرات.**

أما النظرية الأخرىٰ: فهي "ميكانيكا الكم" **التي تصف العالم المِجهري، أو العالم الذري؛ وهي التي تستطيع -بمعادلاتها الرياضية- التنبؤ بكل ما يتعلق بالقوىٰ الثلاث الأساسية في الطبيعة: القوة النووية الضعيفة، والقوة الكهرومغناطيسية، والقوة النووية القوية.**

ومن بين الفيزيائيين الذين قضوا حياتهم في البحث عن نظرية توحد قوىٰ الطبيعة الأربع "ألبرت أينشتاين"؛ فقد كان يحلم بتوحيد قوة الجاذبية مع القوة الكهرومغناطيسية، وأعجب -إلىٰ حد كبير- بما استطاع العالم

جـيـمس كليـرك ماكسـويل أن يحققـه في توحيــد القـوى الكهربائيــة، والمغناطيسية على هيئة قوة واحدة من خلال صياغته لمعادلات ماكسويل الشهيرة؛ لوصف القوة الكهرومغناطيسية. وهـذا التوحيد أدى إلى التطور الصناعي والاختراعات الضخمة.

كـان حلـم أينشـتاين أن يتمكن مـن تعزيـز فكرتـه الجديـدة عـن قـوة الجاذبية (وهي نظرية النسبية العامة) بالقوة الكهرومغناطيسية، في شكل معادلة واحدة تصف كلتا القوتين، بهـدف فهم الكـون بطريقة أعمـق؛ لكنه تُوُفِّي قبل أن يحقق حلمه.

والحقيقة أن هذا لم يكن حلم أينشتاين وحده؛ لأن الفيزيائيين أمضوا سـنوات طويلة ولـديهم هـدف واحـد أكبر، هـو الجمـع بين قطبي الفيزياء الحديثة: نظرية النسبية وميكانيكا الكم.

في هـذا الفصـل، أخبرك عـن واحـدة مـن أهـم النظريـات الفيزيائية في عصرنا الحالي؛ وهي المرشحة الأولى حاليًّا لأن تصبح "نظرية كل شيء"؛ إذ يرى العلماء أنهم –من خلالها– سيتمكنون من حل أعظم الألغاز الفلكية والفيزيائية في الكون، مثل:

- **أن يتمكنوا من معرفة ما كان هناك قبل الانفجار العظيم.**

- **ما الذي جعل الانفجار العظيم يحدث؟**

- **ماذا يحدث داخل الثقوب السوداء؟**

- هذا بالإضافة إلى معرفة طبيعة المادة المظلمة والطاقة المظلمة، وفهمهما.

- لماذا تمتلك الثوابت الكونية (العشرون التي تشكل كوننا) تلك القيم المعروفة بالتحديد؟

هذه الثوابت؛ مثل: سرعة الضوء، والثابت الكوني الذي يحسب سرعة توسع الكون، وكتلة الجسيمات مثل الإلكترونات والكواركات وغيرها، وثوابت القوى الأربع الأساسية للطبيعة، **لماذا تأخذ القيمَ الصحيحة تماما**، بحيث يتم تشكيل الكون كما نراه، كما أنها ينتج عنها هذا الكون بالغ الدقة، إلى حد أنه **لو قمت بتغيير يسير في قيمة أي رقم من تلك الأرقام؛ فعندئذ ينتهي الكون تماما؟**

ومن خلال هذه النظرية أيضًا سيكونون قادرين على توحيد القوى الأربع الطبيعة الأساسية في سياق رياضي موحد، وسيكونون قادرين على تأكيد ما إذا كان موجودًا شيء يسمى الأكوان المتعددة أو الموازية.

النظرية التي من المرجح أن تكون **"نظرية كل شيء"** حاليًا هي **"نظرية الأوتار الفائقة"**؛ لأن العلماء يرون أنها قادرة على تفسير كل ما يحدث في الكون. عن طريق الدمج بين نظرية النسبية التي تشرح تأثير قوة الجاذبية الناتج عن الاجسام الكبيرة مثل الكواكب والنجوم والمجرات، وميكانيكا الكم التي تشرح القوى الأساسية المؤثرة في عالم الأشياء الصغيرة جدًا؛

مثـل: القـوة النوويـة الضـعيفة، والقـوة الكهرومغناطيسـية، والقـوة النوويـة القوية.

النظرية تشرح الإطار النظري لفهم العالم بأدق تفاصيله؛ مثل الذرات، وصولا إلى الجسيمات دون الذرية. وعلى الرغم من أن كل واحدة من النظريتين ناجحة جدًا في مجالها، وكل واحدة منهما قد قدمت الكثير من التنبؤات، وتم إثبات صحتها بعد ذلك؛ فإن العلماء عندما كانوا يحاولون الجمع بينهما في نظرية موحدة، وإطار رياضي حتى نتمكن من فهم الكون من أصغر الأجزاء إلى أكبرها؛ كانت تخرج نتائجهم خاطئة تمامًا، وهذا لأن كل واحدة في النظريتين تتعارض مع الأخرى.

أعني أنه يجب أن تكون واحدًا فقط منها هي الصائبة.

وهذا يعني كارثة. لماذا؟

لأنهما مبني عليهما كل شيء في الفيزياء الحديثة، أي في السنوات المائة الماضية.

ربما تقول لي: مادامت كل نظرية ناجحة وصالحة في منطقتها؛ فلماذا نُصِرّ على أن نجمعهما معا؟

تخيـل أنـك تعيـش في مدينـة ذات نظـامين مـن أنظمـة المـرور؛ فمـن المؤكـد أن هذا سيؤدي إلى حدوث فوضى كارثية؟

العلماء يرون أن دمج النظريتين معا في نظرية واحدة هو الحل الوحيد للإجابة عن أكبر ألغاز الكون، وذلك لأننا، على سبيل المثال، إذا كنا ندرس

لحظة الانفجار العظيم رياضيا؛ فإننا هنا نتحدث عن بداية الكون من نقطة صغيرة لا متناهية. وهذا يعني أننا سوف نستخدم المعادلات الرياضية لميكانيكا الكم. وفي الوقت نفسه، ومع بداية ولادة الكون، تضاعف حجم الكون بسرعة رهيبة، وخرج من عالم الكم إلىٰ عالم الأجسام الكبيرة. وهذا يعني أننا سنستخدم أيضًا معادلات نظرية النسبية.

هذه هي المشكلة يا صديقي: إن العلماء غير قادرين علىٰ استخدام معادلات النظريتين معًا لفهم ما حدث لحظة الانفجار العظيم، وما سببه، وما كان موجودًا قبله.

هذه المشكلة نفسها بالضبط تواجه العلماء عند دراسة الثقوب السوداء؛ وذلك لأن الثقوب السوداء لها نقطة تفرد "singularity" في مركزها، لذلك نحن نتحدث عن عالم الكم، وفي الوقت نفسه، حجمها وكتلتها هائلان؛ وهذا مما يعني أنه يجب علينا استخدام نظرية النسبية.

حسنًا! وما نظرية الأوتار الفائقة التي أشرت إليها؟

تعتمد نظرية الأوتار -إلىٰ حد بعيد- علىٰ الرياضيات المتقدمة؛ مثل الهندسة المعقدة والطوبولوجيا؛ وهذا مما يجعل من الصعب علىٰ العديد من علماء الفيزياء فهمها.

شارك العديد من العلماء في تطوير نظرية الأوتار، ابتداءً من الستينيات، وتحديدًا في عام 1968، عندما كان الفيزيائي الإيطالي

"جابرييل فينيزيانو" خريجًا جامعيًا حديثًا، وكان يتمتع بحماس الشباب، ويحاول فهم إحدى القوى الأربع الطبيعة الأساسية للطبيعة؛ وهي القوة النووية القوية. واكتشف فينيزيانو أن هناك معادلة رياضية قديمة لعالم الرياضيات السويسري "ليونارد أولر"، تعود إلى القرن الثامن عشر، تتماثل مع مفهوم القوة النووية القوية، وهذه المعادلة تعتبر سببًا في ولادة نظرية الأوتار. ومن بعده جاء العديد من الفيزيائيين الذين قاموا بتطوير النظرية، حتى وصلت إلى شكلها الحالي الذي لا يزال غير مكتمل.

ولهذه النظرية العديد من الإصدارات أو الصيغ المختلفة، وتسمى أحيانًا النظرية "M".

ولكي نتحدث عن كل نسخة منها بالتفصيل، نحتاج إلى كتاب كامل، لكن دعونا نيسر الأمر، فتتحدث عن النظرية الأساسية فقط، ونأخذ لمحة عامة عنها.

لو أحضرنا أي مادة من الكون، ولتكن تفاحة مثلا، وقمنا بعمل تكبير "Zoom" عليها سنجدها مكونة من جزيئات (molecules)، وإذا قمنا بتكبير هذه الجزيئات؛ سنجدها مكونة من ذرات (atoms). وإذا قمنا بتكبير الذرات؛ سنجدها تتكون من نواة (nucleus) تدور حولها الإلكترونات، ولو جعلناها أكبر؛ سوف نجد النواة مكونة من النيوترونات والبروتونات. وإذا جعلناها أكبر؛ سنجد الكواركات بداخلها. وإذا قمنا بتكبيرها؛ فلن نجد بداخلها شيئًا. لماذا؟ لأن الكواركات هي أصغر جسيمات المادة.

لكن نظرية الأوتار (string theory) لها رأي آخر في هذا الشأن، فهي تفترض أن الكواركات ليست أصغر مكونات المادة؛ بل يجب أيضًا أن تتكون من شيء آخر أصغر منها. وهذا يعني أنه إذا أخذنا كواركًا، وقمنا بتكبيره؛ فسنجد شيئًا بداخله، سلسلة من الطاقة ذات حجم صغير جدًا.

هذه النظرية تفترض وجود نوعين من الأوتار: إما وتر مقفول، وإما وتر مفتوح. ومن الممكن أن يتحول الوتر من حالة إلىٰ غيرها، وهذه الأوتار تهتز مثل أوتار الجيتار، لكن اهتزازها لا يصدر موسيقىٰ، لكنه ينتج جسيمات.

وهذا يعني أن الكوارك ليس سوىٰ وتر يهتز بنمط أو تردد واحد ينتج عنه كواركات. والإلكترون هو الوتر نفسه، لكنه يهتز بطريقة مختلفة، وينتج عنه إلكترون. والنيوترينو هو أيضًا وتر؛ فهو يهتز بنمط أو تردد مستقل به.

وهذا يعني أنه يمكننا القول إن أوتار الطاقة التي تهتز باستمرار تعّد المكون الأساس الذي تتكون منه جميع المواد في الكون، بما في ذلك أجسادنا، وصولًا إلىٰ النجوم البعيدة.

وبحسب شكل الوتر واهتزازه؛ تنتج مواد مختلفة.

يمكنك تشبيه هذه الأوتار بأوتار الجيتار، لو قمت بشد أو تخفيف وتر الجيتار؛ يتغير الصوت الذي يخرج منه، ويمكنك إنتاج عدد كبير جدًا من النغمات باستخدام الوتر نفسه. وهذا مشابه لما يحدث في الخيوط التي تتكون منها المادة.

وهذا يعني أن الكون كله ليس إلا سيمفونية من الأوتار المهتزة.

ستقول لي: حسنا! ولماذا لا نرى هذه الأوتار، ونتأكد من صحة النظرية؟

المشكلة أن التكنولوجيا والتقنيات الحالية لا تسعفنا، وتعتبر بدائية جدًا، فهي غير قادرة على اكتشاف الأشياء متناهية الصغر. (لاحظ هنا أن بعض العلماء الذين يعملون على نظرية الأوتار يفترضون أن **هذه الأوتار أصغر مليار مرة من نواة الذرة**).

وهذا بالطبع أصغر بكثير مما يمكنهم رصده. والحل الوحيد –في هذه الحالة– لنؤكد صحة هذه النظرية هو أنها تعطي تنبؤات بالظواهر الجديدة التي سوف تحدث في الكون، وبعد ذلك تُثبت، وتستند صحتها إلى أدلة تجريبية، أو تقدم تفسيرًا منطقيًا لظواهر موجود الآن، وليس لها تفسير تقليدي، وتكون هي النظرية الوحيدة القادرة على تفسير هذه الظاهرة.

العلماء مشغولون بتطوير نظرية الأوتار، على مدار عدة سنوات، ولكن المشكلة التي تواجهها هذه النظرية هي أن معادلاتها الرياضيات غير متوافقة مع كوننا؛ أي ليس لدينا نتائج صحيحة في كون يتكون من أربعة أبعاد؛ هي "الطول، والعرض، والارتفاع، والزمن"، لكنها تتوافق مع كون مكون من عشرة أبعاد للمكان، بالإضافة إلى بُعد الزمن؛ أي يتكون من أحد عشر بعدًا.

والثورة التي أحدثتها هذه النظرية في المجتمع الفيزيائي هي قابلية هذه الأوتار الصغيرة للتوسع، لتشكل غشاء ضخما بحجم الكون متعدد الأبعاد. وهذا كله مبني رياضيا -بالطبع- على معادلات، وليس مجرد خيال واستنتاج.

فكرة وجود هذا الغشاء الضخم متعدد الأبعاد يفتح الباب لفكرة جريئة وغريبة؛ هي أن الكون له غشاء واحد فقط داخل فضاء أوسع متعدد الأبعاد؛ أعني أنه مثل رغيف الخبز، الذي يمكنك تقطيعه إلى شرائح، تمثل كل شريحة عالمًا مختلفًا.

ويشبِّه بعض العلماء الذين يتبنون هذه النظرية كوننا بالفقاعة، ويرون أن هناك عددًا لا نهائيا من الأكوان الأخرى على شكل فقاعات تمثل عوالم موازية لعالمنا. وعندما تصطدم فقاعتان، أو عالمان؛ يؤدي هذا الاصطدام إلى كون جديد، وكذلك عندما تنقسم فقاعة منها؛ ينتج كون جديد.

ويرى العلماء الذين يعملون على هذه النظرية أن كوننا تشكَّل بإحدى طريقتين، إما بسبب اصطدام، وإما عن طريق انقسامه، وهذا ما تسبب في حدوث الانفجار العظيم.

قد تكون هذه الأكوان المتوازية مشابهة لكوننا، أو مختلفة وتخضع لقوانين فيزيائية مختلفة تماما. على سبيل المثال، قد لا يكون هناك عشوائية "entropy"؛ وهذا مما يعني أن الشيء الطبيعي هناك هو أن السوائل تسخن

من تلقاء نفسها ولا تبرد. وربما يمر الزمن من المستقبل إلى الماضي، ويولد الناس كبارًا، ثم يستمرون في الاتجاه نحو الصغر حتى يموتوا.

ويرى العلماء أن هذه الأكوان متشابكة بعضها مع بعض؛ وهذا مما يعني أن كل فضاء في عالمنا يمكن يوجد فيه كائنات حية أخرى غيرنا من أكوان موازية، لكنها موجودة في بعد آخر، ولا نستطيع رؤيتها. وهذا ربما يفسر السبب وراء الظواهر الخارقة للطبيعة التي يستشعرها بعضنا، سواء بالإحساس بشيء خفي يتحرك بالقرب منا، أو بحركة كرسي بشكل غريب دون وجود أحد بالقرب منه.

حسنا! لو كان هناك أكوان أخرى –غير عالَمنا– فهل من الممكن في يوم من الأيام أن نتمكن من دخول عالَمهم؟

يعتقد العلماء أن إجابة السؤال تكمن في فهم الثقوب الدودية (wormholes) التي تحدثنا عنها في الفصل الخاص بنظرية النسبية العامة، وذلك لأنها يمكن أن تكون بوابات بين هذه الأكوان، ويمكننا أن ننتقل من كوننا إلى أي كون آخر عبر الثقوب الدودية، لكن لو كان هذا الكون محكومًا بقوانين فيزيائية مختلفة عن قوانين كوننا؛ فإن احتمال بقائنا هناك شبه معدوم.

ربما يطرح بعضٌ سؤالا مهما: لماذا يهتم العلماء بوجود أكوان أخرى غير كوننا؟

سأخبرك بأنهم يرون أن كوننا ليس أبديا، وسيأتي زمان ينتهي فيه بعد مليارات السنين. والحل الوحيد للهروب من موت الكون هو أن نجد طريقة للسفر إلى عالم آخر. ولو ثبتت صحة هذه النظرية فعلا، فهذا يعني أن كوننا لن يتكون من أربعة أبعاد فقط، بل سيتكون من 11 بعدًا فيزيائيا، ونحن لم نتمكن من ملاحظة الأبعاد السبعة الأخرى التي يتكون منها الكون، فإذا كانت هذه الأبعاد موجودة بالفعل وكانت النظرية صحيحة، فإن هذه الأبعاد أصغر بكثير مما يمكننا ملاحظته أو الإحساس بوجوده.

دعوني أعطيكم مثالًا لأوضح لكم كيف يمكن أن تكون هناك أبعاد مخفية في الكون لا نستطيع رؤيتها.

إذا نظرت من بعيد إلى حبل؛ فإنك تراه كأنه خط بين نقطتين، أي أنه لا يبدو منه سوى بُعد واحد فقط، وهو الطول، ولكن إذا اقتربت منه؛ ستجده ثلاثي الأبعاد، وهذا يعني أن له طولًا وعرضًا وارتفاعا. هذا يعني أنه -في بعض الأحيان- يكون هناك أبعاد أخرى لا نستطيع رؤيتها لأنها صغيرة جدًا، وهذا ما تفترضه نظرية الأوتار.

بهذا تكون رحلتنا -عبر الكون وأسراره- قد انتهت. وأرجو أن يكون الكتاب مفيدًا ومبسطًا قدر الإمكان، وأن يكون قد أعطاكم نظرة عامة عن فهم طبيعة، وكيفية عمل الكون، من خلال ركائز الفيزياء الحديثة، ومن ثم تكونون قد أخذتم تصورا عن بعض الأفكار المثيرة للخيال، والتي نتجت عن بعض النظريات والفرضيات الفيزيائية المذهلة، وتعرفتم كذلك على

أصعب الألغاز التي تواجه علم الفيزياء حتى الآن. ومـن يـدري؟ ربمـا ستكون يومًا ما أحد أولئك الذين سيشاركون في حلها!

المراجع

أولا- الكتب العلمية:

- <u>Brian P. Dolan</u>: **Einstein's General Theory of Relativity.**

- <u>James B. Hartle</u>: **Gravit: An Introduction to Einstein's General Relativity.**

- <u>Walter Isaacson:</u> **Einstein: His Life and Universe.**

- <u>Luciano Rezzolla:</u> **The Irresistible Attraction of Gravity: A Journey to Discover Black Holes.**

- <u>**Leonard Susskind:**</u> **General Relativity: The Theoretical Minimum.**

- <u>Stephen Hawking</u>: **A Brief History of Time.**

- --------------------: **The Theory of Everything.**

- --------------------: **The Universe in a Nutshell.**

- <u>**Michio Kaku**</u>: **The God Equation: The Quest for a Theory of Everything.**

- <u>Adam Becker</u>: **What is Real? The Unfinished Quest for the Meaning of Quantum Physics.**

- <u>Paul Fleisher</u>: **Relativity and Quantum Mechanics: Principles of Modern Physics (Secrets of the Universe).**

- <u>Philip Ball</u>: **Beyond Weird: Why Everything You Thought You Knew about Quantum Physics Is Different.**

- <u>Ramamurti Shankar</u>: **Principles of Quantum Mechanics.**

ثانيا- المواقع العلمية:

https://www.quantamagazine.org/

https://www.scientificamerican.com/

https://www.space.com/

https://www.nasa.gov/

https://www.home.cern/

https://nature.com/

https://www.livescience.com/

https://www.sciencedaily.com/

https://www.sciencenews.org/

❋ ❋ ❋